DF200形物語

～日本の電気式ディーゼル機関車のあゆみと未来

徳田耕一

DF200形の人気ナンバーワンは愛知機関区の「アイミー」。DF200-201が満タンのタキを牽き天白川橋梁へ続く築堤を登る　"塩浜線"塩浜～四日市　令和6年2月10日

「保存版」

DF200形物語　NFT付録付き

～日本の電気式ディーゼル機関車のあゆみと未来

CONTENTS　もくじ

第3章

ハイブリッド式 HD300形 電気式DD200形の概要　119

NFT付録

DF200形　お宝写真集＆撮影地ガイド

エコな時代に相応しいディーゼル車両

新しい電気式の礎
DF200形ディーゼル機関車の功績

■「エコ」な時代が呼び寄せた電気式の復権

近年は環境汚染への意識が高まり、自然環境保全を重視した「エコ」への関心が高まっている。交通機関では二酸化炭素（CO_2）や窒素酸化物（NOx）の排出量が少ない"エコな車両"の開発が進む。

自動車ではハイブリッド車（HEV）、電気自動車（BEV）など、電気を動力源としたクルマがブームとなっている。鉄道車両でもディーゼル車両を"電動車化"する動きが加速し、自動車と類似したメカニズムを使うようになった。

ディーゼル車両の電気式は、日本でも昭和初頭から中期まで研究・開発が進められ、機関車・気動車とも営業運転に使用された。

電気式とは軽油を燃料にディーゼルエンジンで発電機を回し、その電気でモーターを駆動させて走行する方式。量産化された機関車DF50形は、寝台特急「富士」や「紀伊」を牽引した栄光も残るが、電気式は日本特有の特殊事情で衰退し、液体式が主役になる。

だが、時代の空気が「エコ」を呼び寄せ、JR貨物は1992年（平成4）に新機構のDF200形電気式ディーゼル機関車を開発、エコな時代の新しい電気式の礎を築いたのである。

■ ハイパワーの道産子機関車

新しい電気式のDF200形は北の大地、北海道での貨物列車の高速化や効率化などを目的に開発された平成の名機でもある。冬季は積雪や凍結など厳寒の地ならではの道路事情をサポートするため、鉄道貨物は物流の主役を担う。その立ち役者として頼りにされている機関車が函館市の五稜郭機関区が"本家"のDF200形で、ハイパワーを発揮し、五稜郭以北の貨物列車の先頭に立つ。また、DF200形100番代の一部は本州仕様に改造され、200番代を冠称し、愛知県稲沢市の愛知機関区に輿入れた。メイン仕業は関西本線の"四日市貨物"で、昭和の名機DD51形の後継機として重責を担っている。

一方、DF200形の仲間には、JR九州がJR貨物の

DF200形はハイパワーで冬場も北海道の物流を支える。DF200-101（現201）が牽く上り高速貨物が千歳線を疾駆する　サッポロビール庭園～長都　平成29年3月24日

DF200形の功績は気動車へも波及し新しい電気式気動車も開発された。羊蹄山をバックに函館本線の"山線"を走るJR北海道のH100形　倶知安〜小沢　令和6年5月2日

関西本線で共演する新 電気式の礎DF200形201号機（旧101号機）の「アイミー」と、日本初の特急形ハイブリッド気動車HC85系の「南紀」　蟹江　令和5年7月3日

同機に改良を加えた旅客用で、クルーズトレイン"ななつ星in九州"の牽引機、DF200形7000番代も含まれる。

ちなみに、JR貨物のDF200形の車両愛称は、一般公募により「エコパワー レッドベア」を名乗るが、鉄道ファンからは"赤熊"とも呼称され親しまれている。

■ 愛知機関区の「アイミー」は産業観光の　動く広告塔

DF200形は中京地区にも活躍の舞台を拡げたが、JR貨物東海支社は物流を通じて地域の活性化を図れればと2023年（令和5）1月、DF200形が活躍する愛知県と三重県の沿線風景をデザイン化し、同201号機にラッピングを施した特別機を導入した。愛称は一般公募で両県の頭文字をとり「Ai-Me（アイミー）」と名づけられた。

東海支社では「地域と地域を物流で結び、産業も支える貨物列車に親しみをもってもらい、地域が盛り上がれれば…」と期待しているが、中京地区は古くからの「ものづくり王国」であり、「アイミー」は産業観光をアピールする動く広告塔のようでもあろう。

■ 見直された電気式の魅力

2000年代に入ると、ディーゼルエンジンの排気ガス問題などで環境政策が重視されるようになる。鉄道車両では新しい電気式がさらに進化したハイブリッド式も登場した。

エンジンを回して発電した電力と、蓄電池に充電した電力の両方を使えるのがポイントで、日本の鉄道では電気式との識別のため、電気式に蓄電池（バッテリー）を加えたタイプをハイブリッド式と呼ぶ。JR東日本が世界初の営業用ハイブリッド車両として導入した気動車キハE200形、JR貨物が開発した日本初のハイブリッド機関車HD300形、JR東海が誇る日本初の特急形ハイブリッド車両HC85系などは"期待の星"だろう。

だが、ハイブリッド式は蓄電池が高額なため量産化の壁になることもあり、近年は再び電気式を見直す動きが活発化した。機関車ではJR貨物の中型機DD200形、気動車ではJR東日本のGV-E400系、JR北海道のH100形などが該当する。でも、これらの車両も総合的に見れば新しい電気式の礎、DF200形の功績が活かされ、"エコな車両"に仕上げられている。

本書では、エコな時代に相応しい新 電気式の礎、DF200形の魅力を最盛期の現在で集大成し、誕生の経緯や活躍のあゆみ、細かなバリエーションをも網羅し、"形式解説書"タイプにまとめてみた。また、その特徴でもある日本の電気式ディーゼル機関車のあゆみやしくみも、自動車のHEV、EV車などを参考にしながら解説。図解なども交え、保存版の一冊とした。

〈GRAPH〉
DF200形が走る鉄路 名場面

　DF200形のメイン仕業は、北海道函館市の五稜郭機関区を砦に、道内主要路線での貨物列車の牽引である。JR貨物が保有する同機は、道路事情が厳しい冬場でも、鉄道の特性をフルに発揮し地域の物流を支えている。近年は仲間の一部が本州の愛知機関区へ転属、名古屋近郊にも活躍の舞台を拡げた。また、JR九州は同型の改良機を保有し旅客用として華やかなクルーズトレインを牽引。DF200形が走る鉄路から名場面を選択してみた。なお、JR貨物の路線ごとの主要貨物列車運行区間は、路線名に続き駅名を付加した。

〈北海道地区〉

函館本線　　函館貨物（函貨・五稜郭）〜長万部〜室蘭本線

函館本線　　札幌貨物ターミナル（以下、札タ）〜旭川〜新旭川〜宗谷本線・石北本線

駒ヶ岳をバックに小沼湖畔を彩る桜を眺めながらDF200-62牽引の上り高速貨物が函館貨物（五稜郭）を目指す　大沼〜仁山　令和5年4月27日

春爛漫、満開の桜が赤い車体とコラボし"赤熊"の勇姿に花を添える。DF200-12牽引の上り高速貨物　仁山〜新函館北斗　平成28年4月27日

秋本番、紅葉が美しい大沼国定公園の林の中をDF200-117牽引の下り高速貨物が札幌を目指して力走する　大沼公園〜赤井川　令和5年10月27日

冠雪の冬、大沼公園の大沼湖と小沼湖が接する白鳥台セバットには渡り鳥が飛来する。羽根を休める鳥たちと"赤熊"がご対面　大沼公園〜赤井川　令和5年12月21日

勾配緩和の迂回線、藤城線の高架を走るDF200形牽引の下り高速貨物　七飯〜大沼　令和5年10月27日

国鉄型気動車キハ40形と顔を会わせた"赤熊"DF200-4。どちらも気象条件が厳しい北海道で活躍した功労車である
五稜郭　令和5年4月27日

秋色に染まった鉄道林の中からDF200-62が牽く下り高速貨物が現れた。エンジンとモーターの音色をコラボさせ力走する勇姿　森林公園〜大麻　令和5年10月28日

"赤熊"は雪路に強い。雪煙を上げ厳寒の鉄路を力走するDF200-9牽引の下り高速貨物　妹背牛〜深川　平成29年2月10日　〈J〉

雪晴れの朝、DF200-104が牽く下り高速貨物が雪原を快走する。白銀の世界と"赤熊"の赤がマッチした北国の美景　幌向〜上幌向　平成27年2月28日　写真：奥野和弘

宗谷本線 （札タ）〜函館本線〜旭川〜新旭川〜北旭川

札タ発の旭川貨物は宗谷本線へ直通し貨物駅の北旭川に着く。旭川〜新旭川間は電化区間。DF200-54牽引の同列車　新旭川　令和5年4月10日　〈J〉

JR貨物の北旭川駅は同社の名寄駅がオフレールステーション化されたため、列車発着では事実上、日本最北端の貨物駅である。名寄の他、北見へもトラック便が発着する　〈J〉

北旭川駅で入換中のDF200形　令和5年4月10日　〈J〉

〈北海道地区〉

石北本線　北旭川～宗谷本線～新旭川～遠軽～北見（臨時貨物、晩夏～春に運行）

常紋峠では DF200 形のプッシュプル方式が威力を発揮する「石北貨物」の試験列車。DF200-120＋コンテナ＋DF200-112　生田原～金華（信）　平成 25 年 8 月 7 日　写真：奥野和弘

北見市近郊の丘陵地を走る DF200-120 と DF200-104 の上り「石北貨物」の試験列車　東相内～相内　平成 25 年 8 月 7 日　写真：奥野和弘

遠軽駅に折返し停車中の DF200-112 と DF200-101 の"たまねぎ列車"。かつて旭川・網走からの線路は、廃止された名寄本線の紋別方面へ延びていた　平成 29 年 4 月 15 日

千歳線　（函貨）～室蘭本線～沼ノ端～札タ

晩秋の石狩平野をDF200-59が牽く下り高速貨物が駆け抜けて行く　島松～北広島　令和5年11月16日

緑濃い丘陵地の掘割をDF200-104が牽く下り高速貨物が電車並みのスピードで力走する
西の里（信）～上野幌　平成28年6月12日

雪解けが進む早春の鉄路をDF200-109牽引の上り高速貨物が直線区間を快走中　サッポロビール庭園～長都　平成26年2月25日

〈北海道地区〉

石勝線 （札夕）千歳線〜南千歳〜追分〜新得〜根室本線

道央〜道東短絡ルートの石勝線を快走するDF200-55牽引の「帯広貨物」　南千歳〜駒里（信）　平成24年3月12日　〈J〉

重要なライフラインでもある石勝線だが、今日は荷の量が少なく編成の前部は空コキが目立つ。串内信号場を通過するDF200-103索引の下り「帯広貨物」　平成19年1月21日　写真：奥野和弘

根室本線 I（帯広・釧路貨物）

（札タ）〜石勝線〜新得〜帯広貨物（柏林台）〜音別〜釧路貨物（新富士）

太平洋をバックに丘陵地を快走するDF200-55牽引の上り「釧路貨物」 音別〜尺別 平成19年9月13日 写真：奥野和弘

雪原を快走するDF200-54牽引の下り「釧路貨物」 札内〜稲士別 平成19年1月18日 写真：奥野和弘

トップナンバーDF200-1が牽く上り「帯広貨物」が十勝の森をガタゴト進む 上芽室（信）〜御影 平成19年8月23日 写真：奥野和弘

〈北海道地区〉

根室本線 II（富良野貨物）

（札タ）～滝川～富良野（臨時貨物、晩夏～春に運行）

晩夏から春に走る「富良野貨物」は農作物の出荷のほか、冬場の道路事情サポートのため運行。富良野駅に進入するDF200-112牽引の下り臨時高速貨物　令和5年11月15日

富良野駅で入換中のDF200-112。同駅にJR貨物の社員は不在のため、滝川駅から同社社員が機関車に添乗して富良野まで出向き、入換等の運転扱いを担う　令和5年11月15日

富良野駅で発車を待つDF200-114牽引の上り臨時高速貨物　令和元年9月29日　写真：奥野和弘

「富良野貨物」は小学生からの公募で「ふらのベジタ号」の愛称が付く。「クリスタルエクスプレス」最終運転日でのイベントのヒトコマ　富良野　令和元年9月29日　写真：奥野和弘

室蘭本線

函館本線（函貨）〜長万部〜東室蘭〜苫小牧貨物〜沼ノ端〜千歳線〜札タ

岩見沢→＜上りのみ＞→追分、〜沼ノ端〜苫小牧貨物〜

昔はSLのD52形が健闘した礼文の難所も新線開通で様相が一変。噴火湾沿岸を快走するDF200形100番代牽引の下り高速貨物　礼文〜大岸　平成27年8月20日

夏の夕暮れ、有珠の山並みを望む噴火湾をバックにDF200-104牽引の下り高速貨物が"黄金の大カーブ"を力走する　黄金〜崎守　平成27年8月2日　〈J〉

〈中京地区〉

関西本線

稲沢〜東海道本線"稲沢線"〜名古屋〜関西本線〜四日市〜塩浜

　愛知機関区のDF200形のメイン仕業は、関西本線"四日市貨物"の牽引だ。しかし、同線の名古屋〜亀山間は直流1500Vで電化されており、なぜ、電化区間なのにディーゼル機関車が活躍しているのだろう。

　それは関西本線貨物支線の"塩浜線"（四日市〜塩浜）と四日市駅構内側線（旧四日市港線）などが非電化で、さらに関西本線の一部の駅で旅客扱いをしない待避線や側線、四日市の貨物駅が非電化のままだからだ。このため巨線が電化された1982年（昭和57）以降も、貨物列車などの牽引はディーゼル機関車が使用されている。

水鏡にヘッドライトが光り、「アイミー」ことDF200-201が牽くコンテナ列車が飛ばして行く　白鳥（信）令和5年5月18日

四日市北部の桜の名所、十四川の桜に彩られ道産子DF200形の牽くセメント列車がガタゴト走る　富田浜〜富田　令和3年3月29日

八田・春田付近は知る人ぞ知る夕陽の名所。空も列車も夕陽で染まり"赤熊"がより男前に見える。タキも1両ごとに光輝く春田〜八田（庄内川右岸で）　令和4年11月9日

清洲城址を走るDF200形が牽く下りタンカー（返空）、人気者「アイミー」の201号機は名古屋衣裳が良く似合う "稲沢線"清洲〜五条川（信）令和5年6月14日

尾張名古屋は城でもつ。名古屋城を望みながらDF200形牽引のタンカーが名古屋の市街を走る "稲沢線"名古屋〜枇杷島　令和3年12月2日

「アイミー」の車体塗色は赤が基調。パノラマカーの魂が息づく名鉄スカーレットともマッチし"名古屋の鉄道"に溶け込んだ　名鉄名古屋本線 栄生　令和5年3月17日

道産子DF200形は雪路（ゆきみち）が似合う。名古屋市内でもまれに積雪はあるが、雪国育ちの同機は水を得た魚の如くイキイキと走る　関西本線 八田〜春田　令和4年12月24日

藤棚のすき間から力走する"赤熊"を観る。JRFロゴが映えるDF200-216牽引の上りタンカー　関西本線 永和〜蟹江　平成30年4月16日

"白ホキ"を連ねたフライアッシュ（石炭灰）輸送の専用列車を牽引するDF200-222。同機の担当は富田まで　関西本線 蟹江　令和3年7月31日 〈J〉

宝川を夕陽が彩り、ススキがなびく築堤をDF200形が牽く上りタンカーが満タンのタキを連ね力走する　弥富〜白鳥信号場　令和3年11月26日

桑名市は市内北東を木曽三川が流れる。DF200形牽引の下りコンテナ列車が揖斐川を渡り桑名の市街へ向かう。揖斐川右岸河原から撮影　長島〜桑名　令和3年11月26日

秋の夕暮、天空に"シャングリラ"が出現！ 漆黒の世界へ進む"赤熊"のヘッドライトが桃源郷への入口を照らしているようだ
白鳥信号場　令和3年9月29日　写真:秋元隆良

バレーボール・Vリーグ男子1部「ウルフドッグス名古屋」を応援する愛知機関区のラッピング機 Part2、DF200-207 の「ウルド号」
弥富～白鳥（信）　令和6年4月2日

"塩浜線"は単線・非電化で"赤熊"の勇姿を存分に満喫できる路線。DF200-206 が牽く上りタンカーがやって来た　塩浜～四日市　天白川橋梁南方で　令和6年1月24日

四日市名所の一つ日本最古の現役可動橋「末広橋梁」を渡るDF200-216 牽引のセメント列車（返空）　四日市駅構内側線"四日市港線"　令和6年2月9日

DF200形7000番代は旅客用、団体列車牽引機

JR九州　鹿児島本線、日豊本線、長崎本線、久大本線、ほか主要路線

　JR九州・大分車両センターのDF200形7000番代は、臨時列車として九州内の主要路線をクルーズトレイン「ななつ星in九州」を牽引している。中でも観光路線で由布院へ向かう久大本線には25‰の勾配が、阿蘇の外輪山を通る豊肥本線の立野付近には33‰の急勾配が連続する。牽引する専用客車77系は7両編成で全重量は約350t。DF200形は1000tの貨物列車も高速で牽引可能で、これらのハードルも楽勝でこなす。

JR九州のDF200形7000号機はクルーズトレイン「ななつ星in九州」の専用機だ。霧島コースでは"えびの高原線"こと吉都線を走る　鶴丸〜京町温泉　令和6年3月21日

華麗なる装いのクルーズトレインが"阿蘇高原線"を優雅に走る。機関車は重厚な面構えのDF200形7000号機　豊肥本線　いこいの村〜阿蘇　令和6年3月22日

秀峰 由布岳をバックに黄金色に輝く稲穂の絨毯の中を快走するDF200形7000号機牽引の「ななつ星in九州」 久大本線 由布院～南由布 平成27年10月20日 写真：吉富 実

えびの高原の静かな山里を快走するDF200形7000号機が牽く「ななつ星in九州」 吉都線 えびの～えびの上江 令和6年3月22日

DF200形7000号機のサイドビュー。車体塗色は「古代漆」が基調で金色のグリルも配し豪華絢爛である 久大本線 南由布～由布院 令和6年1月7日

DF200形の功績が活かされた
電気式DD200形とハイブリッド式HD300形

　HD300形とDD200形は、電気式の大型機DF200形のメカとシステムをベースに波及した中型機である。
　HD300形は2010年（平成22）、蓄電池を加えて可能な限りディーゼルエンジンの駆動を減らし、騒音削減を図った入換専用機。DD200形は2017年（平成29）、製作コスト削減のためHD300形から蓄電池を外したものの、効率的なハイテク機器を搭載し本線走行も可能にした中距離・入換兼用機だ。

水田を輝かせた"赤列車"の水鏡。DD200形は愛知機関区から四日市駅への出勤時に早朝の高速コンテナ列車を牽引（DD200-15）関西本線 白鳥信号場　令和6年5月18日

ハイブリッド式HD300形は入換専用で貨物駅での排出ガスや騒音の削減に効果を発揮。名古屋貨物ターミナルの入換は新鶴見機関区の2両が常駐。HD300形32号機と同8号機　令和6年4月23日

寒冷地用のHD300形500番代501号機。冬季はデッキ前部に防風板を設置　札幌貨物ターミナル　令和5年12月11日　写真：奥野和弘

第1章

日本の電気式ディーゼル機関車
その歴史とメカニズム

電気式から液体式へ、再び新技術で電気式が復権

　ディーゼル機関車とは、動力源にディーゼル機関（エンジン）を使用する機関車をさす。車軸（車輪の取付軸）に伝える動力伝達方式としては、①ディーゼル発電機で電力を発電しモーター（主電動機）を動かす電気式、②ポンプ羽根車とタービン羽根車の噛み合わせに油を注ぐ液体式、③自動車の手動変速機のようなクラッチとギアボックス（機械式変速機）がペアの機械式がある。現在、JRでは①の「電気式」が主力となっており、旅客列車用の気動車（ディーゼルカー）も含め、それをベースに進化した「ハイブリッド」車両も登場しているが、いずれもモーター駆動であることに着目したい。

　一方、自動車業界でも近年はエンジンとモーターを組み合わせて走るHEV（HV）ことハイブリッド自動車、電気をエネルギー源としモーターで走るBEV（EV）こと電気自動車など、「エコカー」の開発が凄まじい。

　本章では日本の電気式ディーゼル機関車の歴史とメカニズムを、ライフスタイルに解け込んだ自動車の「エコカー」のメカニズムも参考に考察してみた。

新しい電気式ディーゼル機関車の礎、JR貨物のDF200形。"赤熊"の愛称が似合う同機のラッキーセブン、DF200-7牽引の下り高速貨物が疾駆する　室蘭本線 黄金～崎守　平成27年8月2日

日本の電気式ディーゼル機関車
～概論

■ プロローグ
「エコ生活」な時代に相応しい電気式

　今ある自然を守る暮らし方が「エコ生活」だ。それは地球環境への配慮と経済の発展を両立させながら、豊かな未来を実現させる生活様式でもあろう。節電・節水に配慮し、プラスチックごみを減らすことも取り組みの一つである。また、自然環境保全を重視し、二酸化炭素や窒素酸化物の排出量を少なくするため、公共交通機関ではディーゼル車でも電気を動力源とした車両、自動車ではハイブリッド車（HEV）や電気自動車（BEV）などがライフスタイルの主役になってきた。

　「ハイブリッド車」とは"エコな車両"の代名詞のように思われがちだが、ハイブリッドとは「組み合わせる」を意味し、言い換えれば、異種のものを組み合わせて生まれた"新種"ともいえよう。生物学なら雑種、交通機関なら複数の方式を組み合わせて稼働する新系列の車両と理解したい。月刊鉄道雑誌『鉄道ダイヤ情報』（交通新聞社刊）2024年4月号では、「ハイブリッドな車両 大集合！」のタイトルで鉄道車両のそれらを特集したが、いずれもエネルギー源の一つは「電気」。そのルーツは1930年代まで遡り、アメリカ合衆国などで実用化された電気式ディーゼル機関車に端を発す。

　日本でも電気式は、昭和初頭から中期まで研究・開発が進められた。量産化されたDF50形はそのシンボルだったが、製作費が高額、重量の割にパワー不足などの理由で液体式にシフト。しかし、時代の空気が変わると復権を遂げ、1992年（平成4）には新技術を導入した新しい電気式DL、DF200形が登場した。同機は日本の「ディーゼル車両新時代」の布石を築き、その成果は「ハイブリッドな車両たち」へ派生していったのである。

■ ディーゼル化は低額投資で済む無煙化

　世界の鉄道は動力近代化が進み、先進諸国の幹線では電化区間が延び、電気運転の比率は高い。だが、鉄道事業で貨物輸送量が多い中華人民共和国（中国）・ロシア連邦（以下、ロシア）・アメリカ合衆国（以下、アメリカ）、さらには発展途上国の現状を踏まえると、世界の電化率は20～30％と低い。そのため、非電化路線では蒸気機関車（SL）に変わる無煙化の動力として、変電所や架線などの電力供給設備が不要なディーゼル化を推進した。

　ディーゼル車両の実用化は前述の如く、1930年代に電気式ディーゼル機関車を導入したアメリカやロシアなどが挙げられる。そして、第二次世界大戦

DF200形は北海道がメイン舞台。厳寒の冬も物流を守るため凍てつく鉄路を疾駆する。DF200-111（五）牽引の上り高速コンテナ
函館本線 大沼〜仁山　令和5年12月21日

後に新しい石油資源が発見されると世界の油相場が下がり、ディーゼル化による無煙化が加速した。燃料の軽油はガソリンよりも安く、電化と比較すれば低額投資で済むため導入国が増えたのである。

■ 世界の本線用ディーゼル機関車の大半は電気式

　ディーゼル車両は、動力集中式のディーゼル機関車（DL）と動力分散式のディーゼル動車（気動車＝DC）に分類される。ディーゼル化の先駆車はDLだが、貨物輸送量が多い前述の国では、エンジンで電力を発電しモーターで駆動する電気式が大半を占める。理由は、液体式（後述）の大型で強力なエンジンに対応する変速機を開発するより、構造がシンプルで電気機関車の部品も活用でき、砂漠地帯などを走っても故障が少なく、保守も比較的やさしいからだ。

　アメリカの鉄道は非電化区間が多いが道床は頑丈で、軌間（線路の幅）は標準軌の1435㎜。貨物列車は数キロメートルに及ぶ編成も珍しくないが、この重量編成を牽引するのが大型の電気式DLだ。重連はもちろん、六重連（先頭、中間、最後部に各2両）になることもある。機関車も迫力があり、GEトランスポーテーション・システムが1995年～2001年まで製造したGEC6000W形は、1エンジン搭載機では6,250馬力の電気式DLで、同クラスでは世界最強ともいわれている。

　ユーラシア大陸を横断する"シベリア鉄道"など、鉄道網が発達しているロシアは広軌1520㎜、貨物はもちろん旅客列車の編成も長い。機関車は大型で古くから2車体連結式が多く、片運転台の重連タイプで電気式が主力となっている。

　日本から近い台湾（中華民国）の在来線（國營臺灣鐵路股份有限公司）は、JRの在来線と同じ1067㎜軌間。非電化区間の本線用DLは古くから電気式を使用し、優等列車で客車特急の「莒光號」は、アメリカGM社製のR150形などが主力だった。また、2023年にデビューした最新のスイスはシュタットラー・レール製R200形も電気式だ。このように、世界の本線用DLの大半は電気式が主力である。

　ところで、電気式DLは車両ごとに発電装置を搭載した"電気機関車"のため、燃料タンクも含めた重量で軸重が大きくなる。このため、電気を架線な

どから直接給電する電気機関車と比較すると重量あたりの出力が劣る。重量列車は機関車を複数連結した重連でクリアしているが、総合動力比率は低くなる。また、車両価格も高額で、車両メーカーは量産化により製作費を抑えるため、部品の共通化や効率化などの企業努力を惜しまなかった。

　一方、液体式DLとは、エンジンで発生させた動力（運動エネルギー）を、エンジンから駆動軸に直結したポンプ羽根車、被駆動軸に直結したタービン羽根車と固定案内羽根車の組み合わせに油を注ぎ、それらの回転で速度を制御する液体式変速機を使用している。液体式は車体の軽量化と、車体限界まで大型かつ強力なエンジンが搭載でき、車両価格も割安なのが魅力だ。

ロシアの鉄道は広軌1520㎜が主体、機関車は古くから2車体連結式が多く、片運転台の重連タイプで電気式が主力。2TE10V形の重連が牽く貨物列車　"バム鉄道"ワニノ-ワグザル　1991年7月29日

臺鐵の在来線は軌間1067㎜。島内を一周する全区間の電化が完成したが、非電化時代はGM製の電気式DLが主力だった。非電化時代の南廻線で「莒光號」を牽くR100形　大武～瀧渓　1992年11月8日

■ 日本のディーゼル機関車のルーツも電気式

　日本のディーゼル機関車の歴史は電気機関車より新しく、国鉄（鉄道省）に初めてDLが登場したのは昭和初期の1929年（昭和4）のこと、ドイツから輸入した電気式の入換機DC11形だった。その後は機械式と電気式、さらには液体式の開発も進められていく。

　国鉄の動力近代化計画は1952年（昭和27）からスタートしたが、翌1953年に国鉄初の本線用DL、DD50形が登場した。その後、1956年（昭和31）にはDF50形の1号機が落成。同機はのち量産化され亜幹線の無煙化に貢献し、日本の電気式DLの前史を飾った名機でもある。両形式の概要は53〜55頁

にまとめたが、DF50形は北海道を除く全国各地で活躍。このうち紀勢本線では寝台特急「紀伊」を、日豊本線では同「富士」・「彗星」も牽引、その勇姿は古き良き時代の思い出となっている。

　ところで、電気式のDF50形は汎用性、経済性を満たすため客貨両用機として登場した。しかし、車両価格は当時でも7,000万円以上と高額となり、路盤が軟弱な路線が多い日本では軸重が重い電気式は嫌われがちとなる。

　一方、DF50形は重量の割に出力が小さく、重量列車は重連牽引とし、さらにエンジンとモーターの保守は電気式の泣き所だった。そのため赤字の国鉄には経費が掛かりすぎ、後継機の開発は急務となっていったのである。

DF50形は日本の電気式DLの前史を飾った名機。亀山機関区には0番代が集中配置され紀勢本線をメインに活躍、寝台特急「紀伊」も牽引した栄光も残る　尾鷲　昭和52年8月10日　写真:稲垣光正

「さよならDF50」のHMを掲出したDF50形57号機。次位は26号機だが、この重連でお召列車を牽引した栄光があり、同機最終運用の122列車を牽引した　紀勢本線　熊野市　昭和55年3月1日

DF50形の運用最終日には亀山機関区製作の「紀伊」のHMを掲出し同区に展示した。同重連の22号機に取り付けられたHM、特急仕業は昭和55年2月に消滅　昭和55年2月29日写真:秋元隆良

DF50形は日豊本線で寝台特急「富士」・「彗星」も牽引した。DF50形500番代509号機が牽く20系ブルートレイン「富士」田野〜青井岳　昭和46年3月14日

■ 主役は電気式から液体式へ

　昭和40年代以降は車体を軽量化し、大型で強力なエンジンを搭載でき、車両価格も割安な液体式の開発が進む。その一環として入換・小運転用は、1958年（昭和33）に凸型車体の液体式DD13形（軸配置B-B、機関370PS×2）が登場。約10年間で416両が製造されDL初の汎用機となった。

　一方、本線用は1962年（昭和37）、DD13形で採用した機関をV型12気筒に改良し、2基の排気タービン過給機を備え、1000PS機関を2台備えたDD51形が登場。凸型ロング車体で軸配置はB-2-B、牽引力は蒸気機関車D51形以上で、蒸気暖房に必要な水蒸気発生装置（SG）を装備する仲間を含め、客貨両用として増備が進み、1978年（昭和53）まで総勢649両が量産された（○D51形の詳細は、DJ鉄ぶらブックス『DD51形 輝ける巨人』（拙著、交通新聞社刊）などをご参照ください）。

　その後も液体式DLの開発は進められ、1966年（昭和41）にはローカル線の客貨列車牽引と入換用に、汎用機のDE10形が登場した。動軸を5軸（3軸＋2軸）として軽軸化し、セミ・センターキャブを採用するなど斬新感も高め、1978年（昭和53）まで総勢708両が製造された。

　また、1966年（昭和41）には本線用大型機のDD54形も登場。エンジンと液体変速機がドイツのマイバッハとメキドロの技術提携によるもので、大型エンジンを一つ搭載した亜幹線用だが、車体はドイツ風の箱型となり、洗練されたスタイルが人気を集めた。福知山機関区と米子機関区に配置され、福知山線と山陰本線の米子以東の無煙化に貢献。1972年（昭和47）3月改正では山陰本線の寝台特急「出雲」の仕業ができ、約1年半にわたり京都～浜田間を牽引した。だが、外国の技術には馴染めず、故障も続き、播但線での運用を最後に全機40両が1979年（昭和54）までに廃車となった。

　一方、1970年（昭和45）には、山岳路線の貨物用としてDE50形も登場した。量産先行試作車1両のみの新造だったが、車号は「901」ではなく「1」とし、量産化を考慮していた。液体式1エンジン2000PS級の中型機で、変速機にハイドロダイナミックブレーキを付加し、連続下り勾配での抑速運転を可能にした。登場時は稲沢第一機関区にいて中央

本線（西線）、のち岡山機関区へ転属し伯備線で試用されたが運用中に故障し、約10年もの休車期間を経て1986年（昭和61）に廃車となる。この時すでにDD51形の世界が築き上げられ、投入予定路線の電化も成り、量産は幻と化し過去帳入りしている。

液体式DLの傑作、SL＝D51形並みの性能と最高時速95kmが出せる名機DD51形。1号機は昭和37年に登場した。量産化改造し塗装変更後の姿　東北本線 花巻　昭和43年2月7日　写真：塚本雅啓

国産のエンジンと液体式変速機を各1組搭載した中型機のDE50形。山岳路線の貨物用に開発されたが試作車1両のみの製造に終わった　稲沢第一機関区　昭和46年4月4日　写真：塚本雅啓

液体式中型機のDE10形は総勢708両が製造され、今も僅かながら現役。山口線の「やまぐち」号を牽くJR西日本のDE10 1076＋DE10 1514（関）の重連　長門峡～渡川　令和4年8月8日　〈J〉

■ 電気式ディーゼル機関車の復権

国鉄の本線用DLは、性能が安定したDD51形が客貨共に標準機となっていた。そして、時代は昭和から平成へと流れ、国鉄分割民営化後、JR貨物はDD51形の後継機として本線用DLの開発を進めていた。だが、液体式のクラッチ機構は変速機の油が攪拌される時に発熱が生じ、エンジンを大型化すれば、より強度で頑丈な変速機の開発が必要になる。舶来品の採用もDD54形などで苦い経験があり、最大20m級の車体スペースに機器を収納する苦肉の策として浮上したのが電気式だった。

当時は電装機器の開発が凄まじく、VVVFインバータ制御装置の実用化も立証され、電気機関車や電車で信頼を得ていた。そのため、エンジンで発電機を回して電気を得れば、整流器から先は電気機関車と同じシステムで動く電気式が見直された。そして、1992年（平成4）に電気機関車EF210形をモデルに新しい電気式DL、DF200形が登場した。同機はエンジン・発電機のほか走行用の電装機器は2組搭載し、走行用モーターを発電機として動作することにより電気ブレーキの使用を可能とした。

電気式DLの復権は国鉄時代から数えると約30年ぶりだったが、DF200形は液体式のDD51形が重連で牽引していた仕業を単機でこなせる強力機で、気象条件が厳しい北海道の重量コンテナ列車に投入された。ちなみに、JR貨物がJR北海道などの旅客鉄道会社へ支払う線路使用料は、機関車の両数も対象となり、前述の単機牽引化で機関車の数を減らせ、経費節減にも貢献した。

また、JR九州は2013年（平成25）にクルーズトレイン「ななつ星in九州」の牽引機として、JR貨物のDF200形がベースの旅客用機関車、DF200形7000番代を1両新造している。

その後、DF200形の一部は2016年（平成28）～2020年（令和2）に8両が本州の愛知機関区へ転属。DD51形が活躍していた関西本線"四日市貨物"の任務を引き継ぎ、重連牽引だった石油列車の単機牽引化も成る。

なお、JR貨物のDD51形は愛知機関区が最後の牙城だったが、2021年（令和3）3月12日をもって定期運用を終了。2年後の2023年（令和5）3月までに残存全機が廃車解体され、思い出の彼方へ去って行った。

関西本線では愛知機関区のDD51形が重連で石油列車を牽引した。DD51 825+DD51 1028が満タンのタキを牽き"塩浜線"をガタゴト進む　塩浜～四日市　平成30年2月3日　〈J〉

液体式DD51形の重連牽引だった石油列車も、電気式ハイパワーのDF200形なら単機で牽けるようになった。主役交代の過渡期、両上下列車の交換シーン　関西本線 八田　平成30年2月10日〈J〉

JR九州はJR貨物のDF200形をモデルにした旅客用のクルーズトレイン専用機、DF200形7000番代を新造。登場当初の同機　豊肥本線 宮地　平成26年3月9日　写真:加地一雄

■ 電気式が進化したハイブリッド式と新しい電気式

2000年代に入ると、ディーゼルエンジンの排気ガス問題など環境政策が重視されるようになり、DF200形の実績を基に、電気式がさらに進化したハイブリッド式も登場した。

ハイブリッドとは先に述べた通り「組み合わせ」を意味する。軽油を燃料にディーゼルエンジンで発電機を回し、その電気でモーターを駆動させる電気式もエンジンとモーターを組み合わせた"雑種"なので、広義では"ハイブリッド"の仲間と理解できそうだ。

しかし、日本の鉄道車両では、電気式に蓄電池（バッテリー）を加えたタイプをハイブリッド式と識別している。すなわち、エンジンを回して発電した電力と、蓄電池に充電した電力の両方を使えるのが最大の特徴である。詳しくは46〜50頁にまとめたが、JR貨物は2010年（平成22）にハイブリッド式の入換専用機HD300形を開発、順次量産し主要貨物駅に投入した。その後、2017年（平成29）にはローカル線の貨物列車牽引と入換用に、中型機で電気式のDD200形を開発し量産も進めてきた。

HD300形とDD200形の車体はセミ・センターキャブ、国鉄型で液体式のDE10形を踏襲したが、DD200形は蓄電池を外して新しい電気式としたのがポイント。しかし、効率的なハイテク機器を搭載し、環境対策も考慮したエコな機関車に仕上げられ、本線走行では最高時速110kmまで出せる。

■ まとめ

日本でもディーゼル機関車は電気式でスタートしたものの、時代の空気が変わると一度は衰退。しかし、エコな時代の到来で原点に返り、新しいポリシーのもとで電気式が復権した。今や日本でディーゼルエンジンを動力源とする車両は、機関車も気動車も電力による"電動車"にシフトしつつある。

貨物駅や貨物ターミナルなどの騒音対策も踏まえ、JR貨物が開発したハイブリッド式の入換専用機HD300形。北海道から九州まで全国で活躍中　HD300-6（新）　名古屋（タ）令和6年4月23日

DD200形はDF200形から派生した新しい電気式の中型機。積雪の朝、高山本線で「速星貨物」を牽くDD200-19　婦中鵜坂〜速星　令和5年2月2日　〈J〉

"本州の道産子"が演じた新天地での"挨拶興行"

DF200形200番代　魅惑のメモリアル

　愛知機関区に配属されたDF200形200番代のメイン仕業は、関西本線"四日市貨物"のタンカー（石油輸送）牽引。DF200形はハイパワーで単機牽引が原則だが、2019年（平成31）3月からの約3年間は、機関車回送の都合で成った3タイプ重連の記録が残る。

　この重連は定期仕業で原則、平日は毎日走り、鉄道ファンはもちろん沿線の人々を喜躍させた。そのシーンは新天地での"挨拶興行"の趣で、DF200形の歴史に花を添えたのである。

I　新旧名優の"引継運用"　液体式DD51形と電気式DF200形の異形式重連

　2019年（平成31）3月16日のダイヤ改正で、それまで電気式DF200形の単機牽引だった稲沢発塩浜行きタンカー下り8075列車が約2年間、国鉄型の ベテラン、液体式DD51形との有火重連になった。同列車には四日市〜稲沢間の上りコンテナ2088列車の機関車送り込みのため、DD51形を四日市まで前補機として連結。機関士は両機関車に乗務。タンカーは空（油タキ返空）のため、本務機DF200形は有火無動力とし、老雄DD51形が奮闘した。

黄金色の稲穂が美しい田んぼのカーブを力走するDD51 857 ＋ DF200 222の新旧重連　関西本線 永和〜白鳥信号場
令和元年10月2日

Ⅱ　DF200形の定期重連仕業が実現！

　愛知機関区のDD51形は、2021年（令和3）3月13日のダイヤ改正で定期運用から離脱。前述（Ⅰ）の2088列車へ機関車を送り込む8075列車の前補機もDF200形に交代し、DF200形の清一色、定期重連仕業が実現した。だが、翌2022年3月12日のダイヤ改正で2088列車はDD200形の旦機牽引（Ⅲで後述）に変更、同重連は消滅した。

Ⅲ　新型異形式DLによる定期重連仕業　DF200形＋DD200形の重連

　四日市駅構内の入換機は国鉄型のDE10形が活躍してきたが、2021年（令和3）3月13日のダイヤ改正で新電気式のDD200形へバトンを渡した。愛知機関区への帰路は前述（Ⅱ）の2088列車の本務機DF200形の次位（有火無動）に連結され、新型DLによる定期異形式重連が出現した。だが、この珍重連も運用の合理化で翌2022年3月12日改正で消滅、2088列車はDD200形の単機牽引となった。

日光川橋梁へ続く築堤の勾配をDF200形重連が牽くタンカー（油タキ返空）が上る　関西本線 蟹江〜永和　令和3年4月23日

夏至のころの海蔵川橋梁でとらえたDF200形＋DD200形の新型DL異形式重連　関西本線 四日市〜富田浜　令和3年6月22日　〈J〉

Column

JR貨物　北海道最後のDD51形

　北海道でも高速道路の延伸、一般道の整備が進みJR貨物北海道支社管内の鉄道輸送は年々縮小傾向にある。札幌貨物ターミナル〜本輪西間で運行していた最後の石油列車も2014年（平成26）5月30日限りで廃止。DF200形を補完してきたDD51形は余剰廃車が進み、最後の1両は札幌貨物ターミナルで入換作業に活躍していたDD51形1150号機だった。同機も同年11月中旬に交番検査切れで勇退し、翌2015年3月下旬に苗穂工場へ送られ廃車解体。これで道内からJR貨物保有のDD51形は姿を消したのであった。

JR貨物保有のDD51形で道内最後の1両となったのはDD51 1150だった。札幌貨物ターミナルで入換作業中の姿　平成26年9月18日　写真：奥野和弘

実は鉄道とよく似ている
自動車のハイブリッドのしくみ
マイカーも"電動車"の時代

持続可能な未来を創出した初代「エコカー」たち。右から世界初の量産型HEVトヨタ「プリウス」、世界最高の低燃費を実現したホンダ初のHEV「インサイト」、世界初の量産型EV三菱「アイミーブ」　トヨタ博物館　令和6年5月10日

　鉄道と同様、移動の手段の車。自動車業界では化石燃料から脱却し、地球環境の改善を目指しCO_2排出量の削減、省エネ対策などの観点から「エコカー」の開発、実用化が目覚ましいが、実は近年登場している鉄道車両とは、原理的に類似している。

　エコカーには、①エンジンとモーターなど二つ以上の動力で走るHEV（Hybrid Electric Vehicle）/HVとも呼称＝ハイブリッド自動車、②バッテリーの電力だけでモーターを駆動させて走るBEV（Battery Electric Vehicle）/EVとも呼称＝電気自動車に大別されるよう。ちなみに、①はDF200形などに見られる「ディーゼル電気式」、②はBEC819系などの「蓄電池式」にあたる。

　自動車業界で「エコカー」の代名詞にもなっている"ハイブリッド"とは、用語の意味通り、二つ以上の方式を組み合わせたタイプをさす。①のHEVがそれで、1997年（平成9）に登場したトヨタの初代「プリウス」は世界初の量産型HEVだ。また、1999年（平成11）にホンダが出した「インサイト」はアルミ車体の採用で車両質量を極力軽くし、世界トップの高燃費35.0km/ℓを誇った量産型HEVだ。

　ところが、実はHEVの仕組みはとても古く、1900年代初頭まで遡る。しかも、電気駆動の自動車はガソリンエンジン車よりも先に実用化されているのである。

■ ハイブリッド車のルーツは1900年代初頭

　そもそも自動車は1769年にフランスの軍事技術者、ニコラ＝ジョゼフ・キュニョー氏が発明した蒸気自動車がルーツ。一方、1827年にはハンガリーのイェドリク・アーニョシュ氏がモーターを開発、翌年それを模型車両の動力として使い、電動自動車の礎となる。1830年代に入るとスコットランドの発明家、ロバート・アンダーソン氏が充電できない一次電池（直流電力の放電のみが可能）を搭載した電気自動車を開発している。しかし、"電動車"の技術は自動車より鉄道での開発が活発化する。

　一方、1885年にはドイツで世界初のガソリン自動車が発明された。ベンツの「パテント・モートールヴァーゲン」がそれで、これを機会に自動車はガソリン車へとシフトしていく。ちなみに、電気駆動は

アメリカではガソリン自動車の普及後も電気自動車の生産が続いた。写真の1902年製「ベイカーエレクトリック」は1PSモーター搭載で最高時速40km、発電1回の航続距離は約80kmだった　トヨタ博物館　令和6年5月10日

バッテリーの容量や重量などの課題があった。

その中、1900年には同じドイツからポルシェの創設者のフェルディナント・ポルシェ博士が、ハイブリッドシステムの電気自動車「ローナー・ポルシェ」を開発した。ポルシェ博士は約1.8tもあったバッテリーをハーフサイズに抑えて容量を半減させ、その空きスペースにエンジンと発電機を搭載。その効果はエンジンの併用で電力を高め、航続距離の延長を実現させたのである。これぞ世界初のハイブリッド自動車の誕生となったが、この方式は現代のシリーズハイブリッド（後述）に反映されている。また、アメリカではガソリン自動車の普及後も長期間にわたり電気自動車が生産され、1902年の「ベイカーエレクトリック」は代表格だった。

なお、余談だが、1899年にフランスで開発された電気自動車「ジャメ・ニンタクト」は試験走行で時速105.9kmを記録。自動車史上、初めて時速100kmを超えたのはガソリン車ではなく電気自動車だったのである。

20世紀に入ると大油田の発見などで燃料価格が下落、1920年以降はガソリンエンジン駆動の自動車の技術開発が進み、搭載機器が多くて高額となるハイブリッド自動車は衰退する。1973年のオイルショックでは一時、ハイブリッド方式の研究が再燃したものの、燃料事情が改善されると再度縮小してしまった。

しかし、1990年代に入ると、環境対策を考慮した自動車の開発が始まる。1989年（平成元）には、日野自動車と東芝の共同開発による世界初のディー

ゼル電気・ハイブリッドバスが第28回東京モーターショーに参考出品され、1991年（平成3）からその販売を開始。そして、1997年（平成9）には「21世紀に間に合いました」のキャッチコピーで、トヨタのプリウスが世界初の量産型ハイブリッド乗用車として誕生した。その後はメーカー各社が技術を競い合い、日本でもエコカーが普及していった。

■ HEV車は3つのタイプに分類される

自動車とは、「原動機により陸上を移動させることを目的とした用具であり、軌条もしくは架線を用いないもの、またはこれにより牽引して陸上を移動させることを目的として製作した用具」である。

原動機とは、「自然界のエネルギーを機械的エネルギーに変換する装置」で、エンジンやモーターなどが該当する。なお、燃料はガソリンまたは軽油を使用する。

自動車はエンジンを回し、そのエネルギーをギヤへ伝え車輪（タイヤ）を駆動させているが、HEVは自車のエンジンで発電した電気でモーターも回し、エンジンとモーターを動力源とし、走行状況により同時または個々に作動させて走行する。HEVには発電と駆動方式により、以下の3種に分類される。

①パラレル（並列）方式〈マイルドハイブリッド〉

発電機を兼ねたモーターをセットし、エンジンに対し駆動モーターが並列に配置された方式である。エンジンはモーターと同一軸でつながり、通常時はエンジン駆動で走行するためトランスミッションを装備し、エンジンは駆動用モーターを回し、回生ブレーキの発電機としても活躍する。回生ブレーキと

日本自動車殿堂から「歴史遺産車」として表彰されたトヨタの初代「プリウス」　トヨタ博物館　令和6年5月10日

は、減速時に発電機で電気を発生させると同時に、その抵抗力によりブレーキをかける。余剰動力は電気に変換し、バッテリーを充電するので効率が良い。

なお、発進・加速時などパワーが必要な時はモーターがエンジンを補完する。すなわち、エンジン～変速機～などは一般のエンジン車と同じだが、発電機を走行時の補助モーターに活用することで燃費を向上させている。主な採用車種は、スバルXVの「e-BOXER」、ホンダのフリードの「SPORT HYBRIDi-DCD」などが該当する。

一方、パラレル方式には一般の自動車にも使われているオルタネーターとセルモーターをパワーアップし、低電圧のまま駆動用にも使える「マイルドハイブリッド（MHEV）」も含まれる。これだと大容量のバッテリーや高電圧モーターを載せることなく、軽量化やコストを抑えられるメリットがある。主な採用車種は軽自動車が多く、スズキのワゴンR、日産のルークス、スズキの小型自動車ソリオの「HYBRID」なども該当する。

ちなみに、後述の②シリーズ方式と③スプリット方式は、高電圧で駆動するので「ストロングハイブリッド」とも呼称されている。

②シリーズ(直結)方式〈シリーズ ハイブリッド〉

エンジンは発電機を回すことのみに使用し、その電力で100％モーターだけで走る。また、発電した余剰電力と回生ブレーキで得た電力はバッテリー（蓄電池）に蓄えられるが、その容量が少なくなる

とエンジンが作動し電力が補給される。すなわち、電気が不足した時だけエンジンの高率な領域で発電を行うので低燃費であり、エンジン音も小さく、駆動方式は電気自動車と同じである。

主な採用車種は、日産の「e:POWER」搭載のノートやセレナ、ダイハツのeスマートハイブリッド搭載のロッキーなどが該当しよう。

ちなみに、シリーズ方式は鉄道車両のハイブリッド車でも実用化されている。その代表車種は機関車だとHD300形、気動車はキハE200形やHC85系などである。

②スプリット方式〈ストロングハイブリッド〉

エンジン、モーター、発電機が3つの回転系を持つ歯車機構で合成され、走行、停止状況によりエンジンとモーターを効率良く使い分けるタイプ。動力を分割する、スプリット（split）が可能なことから、「スプリット方式」といわれている。

発進・低速時はモーターのみ、高負荷時（加速時）や高速走行時はエンジンとモーターを効率よく併用し、速度が上がると燃費効率の高いエンジンで走行する。つまり、①のパラレル式と②のシリーズ式が手をつなぎ、柔軟な制御が燃費をアップさせ、3種の中では最も燃費性能に優れている。電気容量があればエンジンを停止させてモーター動力のみでの走行も可能。また、エンジン動力を駆動用と充電用に分割することも可能である。

主な採用車種は、トヨタのプリウスから始まった

自動車のハイブリッド車　構造概要図

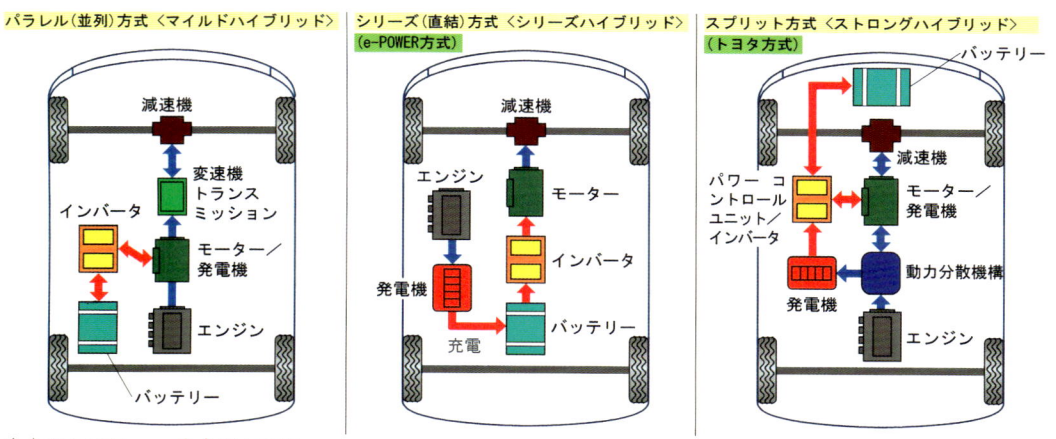

パラレル(並列)方式〈マイルドハイブリッド〉

シリーズ(直結)方式〈シリーズハイブリッド〉（e-POWER方式）

スプリット方式〈ストロングハイブリッド〉（トヨタ方式）

◆━━▶ 動力の流れ　◆━━▶ 電力の流れ

THS〜THS II シリーズなどが該当する。なお、ホンダの「e：HEV」（ヴェゼルやフイットに搭載）はシリーズ方式が基本だが、高速走行時はエンジンがホイールを直接駆動するため、スプリット方式の面もあろう。

■ EV車（BEV）

100％電気のみをエネルギーとする電気自動車で、エンジンは搭載していない。外部エネルギーの電気を充電スタンドや自宅などで給電し、車載バッテリー（蓄電池）を充電してモーターのみを動力として走行する。走行中は二酸化炭素（CO_2）を排出しないが、ライフサイクルではCO_2を排出する。

世界で初めての量産型EVは、三菱自動車が2006年（平成18）に開発し、2009年（平成21）から量産製造を始め、同年7月に発売したi-MiEV（アイミーブ）である。自社の軽自動車の車体に永久磁石式交流モーターとリチウムイオンバッテリーを搭載。2021年3月まで法人向けに販売した。その後の主な採用車種は、日産のリーフ、軽自動車では日産のサクラなどが該当する。

ところで、前述のハイブリッド車のHEVは、モーターのほかエンジンも搭載しているが、広義では電気自動車の仲間でもあり「EV」と表記されることが多い。そのため、①電気のみで動く自動車、②電気でも動く自動車。この分類を厳密化するため、①はバッテリーの頭文字を付加し「BEV」としているようだ。しかし、日本では「BEV」＝「EV」が一般化している。

鉄道車両では比較的短距離の非電化路線を"電車

JR九州が誇る"DENCHA"こと蓄電池電車のBEC819系。福岡市近郊を走る非電化の香椎線は最小限の電化設備で電車化された。和白駅に進入する同系2連の香椎行き　令和4年9月15日

鹿児島本線と連絡する香椎駅で停車中に充電するBEC819系
令和4年9月15日

化"する蓄電池電車が該当する。充電は起終点などの駅に張られた剛体架線から停車中に行う「急速充電」、電化区間への乗り入れ時に架線から行う「通常充電」の2種がある。直流用はJR東日本の烏山線で活躍中のEV-E301系、交流用はJR東日本の男鹿線へ投入されたEV-E801系とJR九州の香椎線や"若松線"（筑豊本線）の同BEC819系がそれである。

（EV車、蓄電池電車のシステム図は38頁を参照）

三菱「アイミーブ」は軽自動車の車体に永久磁石式交流モーターとリチウムイオンバッテリーを搭載した世界初の量産型EVだった　トヨタ博物館　令和6年5月10日

初代プリウスPHV（プラグインハイブリッド車）。毎日夜間に充電しておけば1日走行20km未満なら毎日BEVとしても使用可能にした。その他の場合はHEVとなる　トヨタ産業技術記念館

EV車　構造概要図

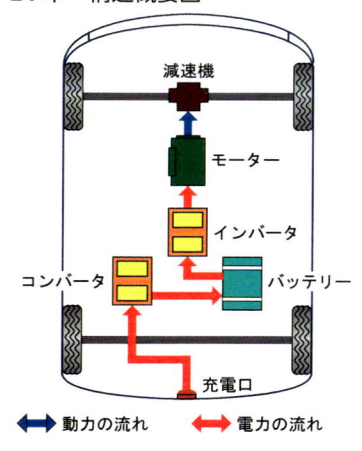

減速機
モーター
インバータ
コンバータ
バッテリー
充電口

◀▶ 動力の流れ　◀▶ 電力の流れ

■ PHEV車（PHV車）

　プラグインハイブリッド車のことで、PHV車とも呼称される。HEV車と同様、ガソリンと電気の二つのエネルギーを利用するが、BEV車と同様、外部電力からの給電も可能である。つまり、HEV車に外部給電用の差し込みプラグを付加した自動車で、バッテリーの充電不足の場合もガソリンを燃料にエンジン駆動で走行できる。採用車種はトヨタのプリウスPHVやRAV4PHVなどが該当しよう。

■ ディーゼル ハイブリッド車について

　電気モーターも併用するディーゼルエンジン自動車で、市街地などの低速域では原則、モーターで発

蓄電池電車（JR東日本　EV-E301系をイメージ）の電力の流れ　概略図

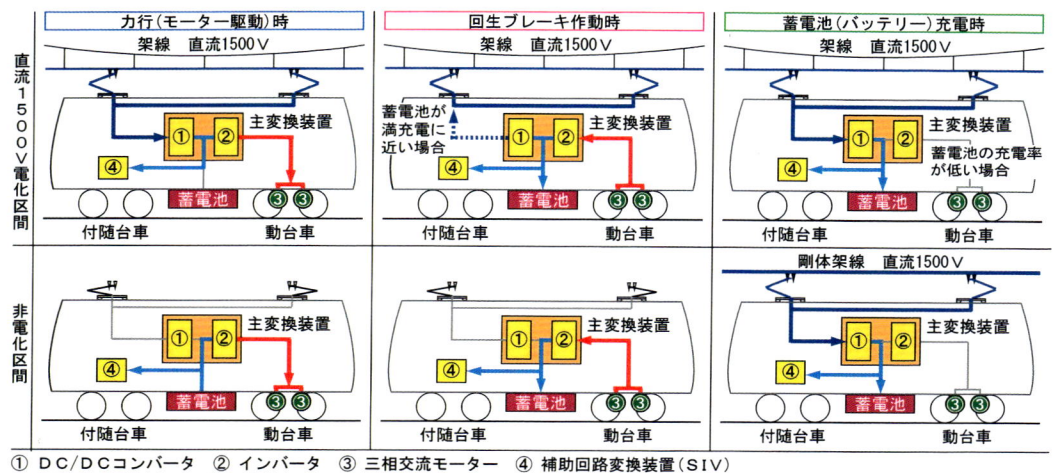

① ＤＣ/ＤＣコンバータ　② インバータ　③ 三相交流モーター　④ 補助回路変換装置（ＳＩＶ）
― 直流1500Ｖ　― 直流630Ｖ　― 三相交流

Column

エンジン車にもバッテリーと発電機を搭載

　ガソリンまたは軽油でエンジンを回し駆動力を生むエンジン車は、低電圧・直流12Vの電気を供給する鉛バッテリーと発電機を搭載している。その役割はエンジンの始動、ライトやオーディオ機器などへの電力供給、コンピューター機器のバックアップなどで、エンジン回転時は発電機より電装品などに電力が供給され、バッテリーも充電される。なお、EV車の駆動用と区別するため「補機用バッテリー」と呼ばれている。
　一方、EV車には駆動用で数百Vの高電圧リチウムイオンバッテリーのほか、エンジン車と同じ12Vの鉛バッテリーも搭載。これは電装品や車両を制御するコンピューターなどがエンジン車と同じパーツで共用化されているためだ。また、EV駆動システムの停止時には漏電防止を図り、補機用との分離により安全性を高めている。EV車の補機用は駆動用から必要に応じて充電される。

進・走行し、環境汚染物質の排出を軽減し軽油の消費を抑える。高速道路などではエンジン走行に切り替えて走る。

　日本で販売されている車種は輸入車か逆輸入車が多いが、国産ではマツダのCX60シリーズ＝XDが該当する。クリーンエンジンを搭載し、システム的にはHEVのマイルドハイブリッドともいえそうだ。

■ ディーゼル・電気ハイブリッドバス

　都市部などの低公害や国立公園などにおける環境保護対策の一環として、「HIMR」こと、省エネルギーの「ディーゼル・電気ハイブリッドバス」がにわかに増えてきた。中でも市街地を走る路線バスなどでは採用例が多く、世界で初めてハイブリッドバスを商品化した日野自動車は、エンジンの燃費アップや排気ガスの発生を低減するため、「パラレル方式」をメインとした"省エネ車"も開発した。

　パラレル方式だと、エンジンは走行がメイン、負荷がかかる発進・加速時はモーターが駆動力を補完する。中でも1989年（平成元）に東芝と共同開発したHU1J型は、世界初のインバーター制御による発電機兼用モーターを搭載し、回生ブレーキも使用可能なディーゼル・電気ハイブリッドバスとして脚光を浴びた。そして、1991年（平成3）には運輸省（現：国土交通省）のバス活性化整備補助事業による実用試作車の一環として、東京都、名古屋市、大阪市などの公営事業者をメインに販売を開始した。また、同方式によるトラックやパッカー車（ゴミ収集車）なども開発し、市街地での環境保護に貢献している。

　その後、ディーゼル・電気ハイブリッドバスは国内のバスメーカー各社が新型車を開発。2004年（平成16）には三菱ふそうトラック・バスが国内量産車としては初めてのシリーズ式ハイブリッドを搭載した大型路線バス「エアロノンステップHEV」を発売。バッテリーが充電されていれば走行状態に関わらずエンジンを停め、モーターのみでの走行を可能にしている。

■ ガソリンと軽油の違い

　自動車や鉄道用ディーゼル車の主要燃料はガソリンか軽油。ガソリン車はガソリン、ディーゼル車は軽油を給油するが、いずれも原油を精製したものである。その違いは蒸発→蒸留抽出の温度で、ガソリンは低温30℃〜180℃、軽油は高温240℃〜350℃のため、ガソリンは引火しやすく、軽油は熱で自然発火しやすい。この特性により、ガソリンは常温から、軽油は高温・高圧時に蒸発し燃焼する。なお、ガソリンにはレギュラーとハイオクがあるが、ハイオクは価格・オクタン価とも高い。オクタン価とはエンジン内での自己着火やノッキングの可能性の薄さを示す数値である。

　ところで、ガソリンエンジンは空気と燃料をシリンダー内で圧縮し、スパークプラグの火花で着火させる。これに対しディーゼルエンジンは、シリンダーの中の圧縮空気に燃料を吹きかけ自然着火させる。いずれも燃料の特性を活かして着火させるため構造が異なる。もし、ガソリン車に軽油を入れたら燃えにくいので黒煙が出る。ディーゼル車にガソリンを入れたら即座に燃えるため白煙を出し、共にエンジントラブルが発生しよう。

　一方、軽油はガソリンより安いが、理由は税金の種類が異なるためである。

　ガソリンには1ℓあたりガソリン税53.8円（内訳＝揮発油税24.3円＋暫定税率25.1円＋地方揮発税4.4円）と石油税2.8円（内訳＝石油石炭税2.04円＋地球温暖化対策税0.76円）の合計56.6円が本体価格に加えられ、購入時はさらに消費税10%も課せられる。

　これに対して軽油は、1ℓあたり軽油取引税32.1円と石油石炭税2.8円の合計34.9円が本体価格に加えられるが、購入時は本体価格と石油石炭税のみに消費税10%が課せられる。つまり、軽油取引税はガソリン税よりも安く消費税も課せられない分、軽油の販売価格が安くなるのである。

　ちなみに、軽油は硫黄分を含むため、ディーゼル車（含むHEV）はガソリン車よりもエンジンオイルの劣化が早く、オイル交換の頻度が高くなる。

ガソリンと軽油の販売価格の差は税金が異なるためである

名古屋ガイドウェイバスの"ハイブリッド気動車"

　日本初、日本で唯一のガイドウェイバスが"ゆとりーとライン"こと名古屋ガイドウェイバス。路線は名古屋市北部の交通の要衝＝大曽根と、新興住宅地として発展著しい小幡緑地を結ぶ6.5km。2001年（平成13）3月23日に開業した同区間は、交通量の多い幹線道路の中央に建てられた高架を走る。小幡緑地から先は高架を下り、大半の便が一般道へ直通し、志段味交通広場か春日井市の高蔵寺まで直通する。高架区間には道路の脇に2本の案内軌条（レール）が敷かれ、車両の前後輪に装備した4つの案内輪が軌条を押さえ、その誘導で走る。そのため大曽根駅の折返し回転場などを除き、運転士は原則、ハンドル操作を行わない。

　ところで、高架区間は軌道法を適用した新設軌道（専用軌道）で、"バス"が走るものの軌道線である。また、一般道へも直通するため、車両は軌道法と道路運送法の両方が適用される。すなわち、外観はバスで事業用自動車、軌道法では無軌条電車（トロリーバス）と解釈され、自動車の型式と"鉄道車両"（路面電車等）の形式称号を持つ。定期検査も車検のほか、軌道運転規則による全般検査・重要部検査も必要だ。なお、新設軌道内の最高速度は特認により時速60km（軌道法は時速40km）まで出せる。

　現在の営業車両は2013年（平成25）度から導入してきた第二世代の仲間で、日野自動車のディーゼル・電気ハイブリッドバス「ブルーリボンシティ ハイブリッド」リフト付き、ツーステップバス28両。自動車型式＝HU8J（低床車LJG-HU8JLGPをツーステップ化）、"鉄道車両"の形式称号＝GB-2110形で、旅客案内上

は「車両」と表示し、軌道法適用の高架区間ではズバリ"ハイブリッド気動車"である。屋根には"列車無線"でもある運行管理用のアンテナ、それに続きハイブリッドシステムをユニット化したバッテリーやインバータなどの機器を載せている。

　ちなみに、軌道法の「車両」として考察するなら、かつて札幌市電の鉄北線（1974年廃止）の一部が非電化時代に存在した「路面ディーゼル車」が、"路上ディーゼル車"として復活した感もする。しかし、軌道・公道が直通できる複雑な構造のツーステップ車のため、ノンステップ化を考慮し、続く第三世代はEV向上かBRT化など、新施策を導入する噂も出てきた。

日本で唯一の名古屋ガイドウェイバスは、軌道法適用の高架専用走行路の両側に設置された案内軌条に案内輪を沿わせ、ハンドル操作なしで走行する　白沢渓谷〜川村

高架専用走行路で使用する案内輪

車両はディーゼル・電気ハイブリッドバスで、屋根には蓄電池などのハイブリッドシステムを搭載。軌道法適用の高架区間に入れば"ハイブリッド気動車"だ　小幡緑地

高架を下りると一般バスに変身しハンドル操作で運行する　小幡緑地　後方は名古屋ガイドウェイバス本社　令和6年5月8日（4枚共）

電気式ディーゼル機関車のメカニズム

　ディーゼル機関（以下、エンジン）を動力とした機関車がディーゼル機関車（以下、DL）である。そのうち、搭載エンジンで発電機を回し、その発生電力で走行モーターを駆動させるタイプが電気式のディーゼル電気機関車で、通称"ディーゼル・エレクトリック方式"と呼ばれている。現在、量産化されて活躍しているのはJR貨物のDF200形とDD200形だが、この方式による電気式気動車もにわかに増え出し、JR東日本のGV-E400系とJR北海道のH100形が該当する。

■ 本線用DLのエンジンはV12がメイン

　ここで動力源のエンジンのしくみを覗いてみよう。

新しい電気式DLの共演。下り本線を走る富田からのDF200形牽引セメント専用列車を眺めながら、入換作業を終えコスモ石油四日市製油所から単機で出て来るDD200形　関西本線四日市　令和4年6月13日

　エンジンとはシリンダーの中で軽油を燃焼させ、そこで発生した燃焼ガスの膨張力がピストンに作用し、一連する連接棒がクランクに回転力を与え動力を発生させる機械だ。ガソリン機関より動力効率が30％以上も高いが、軽油の噴射には、燃焼性の高い高圧の噴射ポンプが必要である。

　シリンダーとは、ピストンが往復運動を行う円柱状の筒で、その構成パーツの総称でもある。内部では混合気への点火により燃焼し、そのエネルギーでピストンが激しく往復運動を繰り返す。このため、高い防音性、耐熱性、気密性、耐久性、機能性は不可欠である。ピストンの往復運動は、①吸気〜②圧縮〜③燃焼・膨張〜④排気の順で作動し、この一連のサイクルが上昇、下降が各2回転し合計4回の行程で行われ、この方式が最も普及している4サイクル機関である。

　日本のディーゼル機関車は、古くからV型12気筒のレシプロエンジン（往復運動機関）、通称"V12"がメインで、シリンダー配列形式の一つでもある。構造は直列に並ぶ12のシリンダーが片バンクに6気筒ずつ、左右に開いてV字型に並ぶ。液体式のDD51形やDE10形は、1960年代に開発されたターボ付きのV型12気筒DML61系エンジンを搭載した。そして、新しい電気式の元祖DF200形も発電用としてV12が採用されている。

■ 電気式DLのエンジンは発電専用

　エンジンを回してできた動力を、車輪に伝えるのが動力伝達装置である。冒頭でも述べたが、そのタイプは電気式、液体式、機械式の3つに分類される。だが、日本での機械式は現在、特例を除き営業運転には使用されていない。

　日本では昭和中期〜令和初頭まで液体式のDD51形やDE10形が主力で、先進国ではドイツの旧西ドイツ国鉄V160形、のちの216形は派生形式も多い名機だった。しかし、世界的には本線用DLで液体式を使用している国はごくわずかである。

　電気式はエンジンを発電のみに使用するため、発

電気式DLの前史を飾ったDF50形。発電機、モーターは共に直流方式。敦賀第一機関区の同機は北陸本線"山中越え"の補機などにも活躍した。DF50形506号機　昭和36年10月9日写真：加藤弘行

新時代の電気式DLの礎となったDF200形。発電機、モーターとも交流対応でVVVFインバータ制御を採用した。DF200-57が牽く高速コンテナ　函館本線　大中山〜桔梗　令和5年10月27日

DF200形の技術がベースの新しい電気式の中型機DD200形。DD200-5が空タキを牽引しコスモ石油四日市製油所へ向かう四日市　令和3年5月6日

電気式ディーゼル機関車のシステム構成図（DF50形とDF200形）

DF50形

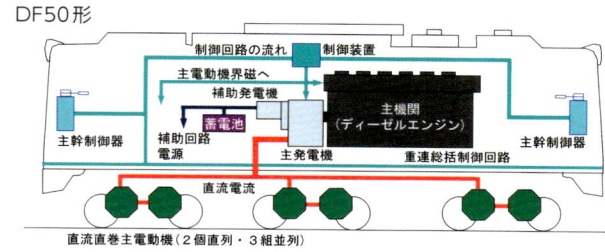

DF200形

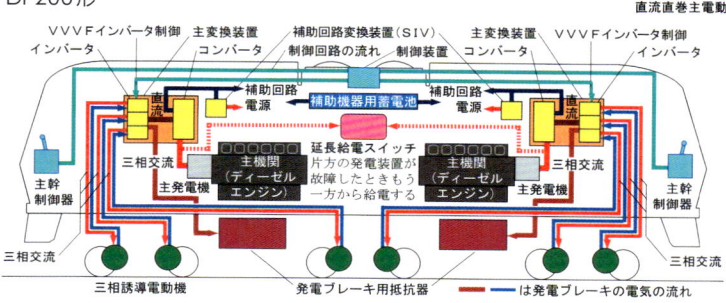

進時はもちろん加速時もエンジンが駆動する。エンジンと発電機、そしてモーターが"三重奏"を演じ、その音色が徐々に高まりながら加速していくので力強さを感じさせる。停車中または惰行走行時はアイドリング状態（動力は伝えず空回り）となるが、補助回路を通じ補助電源装置を稼働させている。なお、照明やATSなどのサービス電源には、補助電源装置から低電圧・定周波数の電力が供給される。

　電気式だと液体式のように変速機は不要で、連結総括制御化も容易である。初期のタイプは発電機、モーターとも直流方式で、量産化されたDF50形（詳しく54〜55頁参照）はその代表だった。その後、種々研究が進み、発電機は保守の容易な交流方式に改良され、近年はVVVFインバータ制御の導入によりモーターも交流誘導タイプに進化している。また、モーターを発電機としても利用し、減速することができる発電ブレーキ（電気ブレーキ）も使用可能になった。

　ちなみに、DF200形は単機牽引が前提のため総括制御化は見送られたが、それへの改造は容易のようだ。同機は電気ブレーキが使用可能だが、蓄電池がないので余剰エネルギーは大気中に放出しており、鉄道車両で識別するハイブリッド方式ではない。

■ 気動車へも波及した新しい電気式

　老朽化した国鉄形で液体式のキハ40形の置き換え用として、JR東日本とJR北海道が増備を進めているのがディーゼル・エレクトリック方式を採用し

新しい電気式DLの技術は新しい電気式気動車の開発にも派生した。電車との部品の共通化も図りコスト削減も成る。JR北海道のH100形　函館本線 倶知安　令和6年5月2日

富良野線で活躍するJR北海道のH100形。路線をイメージしたラッピングを施したH100-80と一般色の2連　富良野　令和5年11月15日

た新しい電気式気動車である。JR東日本は2007年（平成19）、ディーゼル電気機関車DF200形で信頼を得た新しい電気式に、大容量の蓄電池を搭載したハイブリッド方式の気動車キハE200形を開発した。同方式は派生形式が増えたものの構造が複雑で、かつ蓄電池が高価のため、製作費の見直しと保守費用の削減のため、新しい電気式が復権した。

　ポリシーは量産規模が大きく、信頼のある電車との部品の共用化を図り、2018年（平成30）にJR東日本にGV-E400系、JR北海道にはH100形が登場した。ちなみに、GV-E400系の「GV」とは、Generating Vehicleの略称で駆動方式を表している。

　両形式とも川崎重工業（現：川崎車両）製で、軽量ステンレス車体の20m車。基本性能は同じで、最高運転速度は時速100km。発電用ディーゼルエンジンは450PS、主電動機はかご形三相誘導電動機105kW×2台（1両）、PWMコンバータ＋VVVFインバータ制御で、制動装置は電気指令式空気ブレーキがメイン。なお、H100形は耐寒・耐雪装備を強化している。

　GV-400系は2019年（令和元）8月19日から羽越本線の新津〜酒田間に投入され、翌2020年12月12日からは秋田・青森地区にも運用範囲を拡大。2024年（令和6）1月現在、総勢63両が新造され東北地方が活躍の舞台だ。

　H100形は2020年（令和2）3月14日から函館本線の小樽〜長万部間をメインに運用を開始。その後は旭川、室蘭、釧路地区などへも運用範囲を拡大し、2024年1月現在、総勢83両まで増備された。

昭和の電気式ディーゼル動車 発達小史

　国鉄（鉄道省）初のガソリン動車は、1929年（昭和4）製の二軸車、キハニ5000形である。自動車用のガソリンエンジンを小型客車に載せ、運転もクラッチギアを切りかえる機械式だった。

　1931年（昭和6）には大型の電気式ガソリン動車キハニ36450形が登場。北陸本線の米原付近の小運転用に投入されたが、床上に機関室があり、構造が複雑で大重量であり故障も多かった。その後はエンジンを床下へ移し、軽量車体で二軸ボギーの機械式ガソリン動車、キハ40000形（1933年製）やキハ42000形（1935年製）などが登場。いずれも1両だけで走る単行運転を前提とし、連結運転の場合は運転士が各車に乗務した。

　昭和10年代に入ると技術は進化し、燃料に軽油を使う大出力のディーゼルエンジンが開発された。数両の試作車が造られたが、1937年（昭和12）に総括制御式の電気式気動車、キハ43000形が1編成登場。3両ユニットで編成の前後が動力車、中間は付随車とした。詳しくは45頁を参照。

　その後、第二次世界大戦が勃発し燃料不足の暗黒時代へ突入。戦後復興が進んだ1952年（昭和27）には、本格的な総括制御式の電気式ディーゼル動車で3扉車のキハ44000形（のちのキハ09形）、翌1953年には同2扉車のキハ44100形とキハ44200形が登場した。

　前車は房総地区へ、後車は北九州地区へ投入された。国鉄で最初のカルダン駆動方式を導入。前面湘南型の洗練したスタイルで好評を博したが、すでに液体式ディーゼル動車の研究も進められ、1953年（昭和28）には液体式試作車のキハ44500形が登場する。同車の実績は優秀で、その後は量産型のキハ45000系（のちのキハ10形、キハ17形など）が新造・増備され、気動車も電気式から液体式へシフトし、電気式は一旦、姿を消している。

　なお、前記3形式も1956年（昭和31）〜1958年頃に液体式に改造。同時にキハ09形（旧キハ44000形）は郵便荷物合造車キハユニ15形に改造された。

第二次世界大戦後の1952年（昭和27）に登場した電気式気動車キハ44000形。連結運転での総括制御が可能で房総地区で活躍。前面は80系電車に似た湘南型2枚窓だが片側3扉だった。写真は初期車で側面窓や前面の裾部が増備車と異なる　所蔵＝塚本雅啓

キハ44000形　形式図　1/160

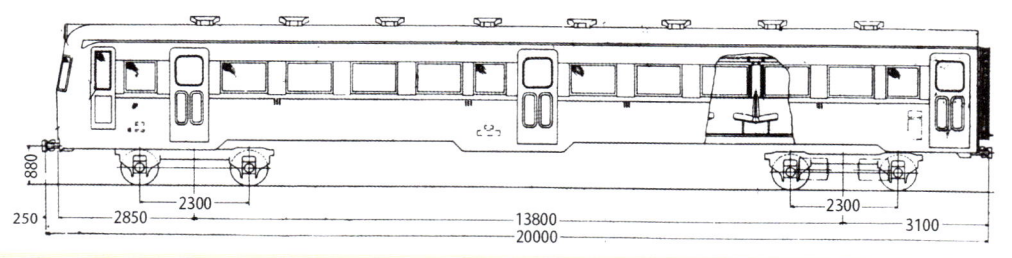

Column

名古屋汎太平洋平和博覧会輸送でデビューした 流線型 高速気動車 キハ43000形

名古屋市は1939年（昭和14）に市制施行50周年を迎えることになり、躍進する名古屋市の現状を紹介しようと1937年（昭和12）3月15日、名古屋汎太平洋平和博覧会を開幕した。南区熱田前新田、現在の港区役所付近に約15万坪（49万5867㎡）の敷地を造成し、会期は同年5月31日までの78日間、テーマは「平和」だった。

博覧会輸送の主役は名古屋市電だったが、鉄道省名古屋鉄道局も臨港線こと東海道本線の貨物支線、"名古屋港線"の八幡信号場～名古屋港（なごやみなと）間に引込線を設置し、臨時駅の名古屋博覧会前（なごやはくらんかいまえ・名古屋駅長管理）を開設。3月15日から5月31日まで旅客営業を実施し、新築移転した名古屋駅（駅舎は三代目）と博覧会会場をスピーディーに結んだ。

このシャトル列車は主に気動車を使用したが、5月中旬からは当時最新鋭だった流線型のキハ43000形も投入、大車輪のサービスを提供した。キハ43000形は鉄道省が独自に開発した大型ディーゼルエンジン搭載の電気式高速気動車の試作車で、気動車では初めて連結総括制御を可能とし、キハ43000形＋キサハ43500形＋キハ43000形の3両ユニット1組が、1937年3月に川崎車輌兵庫工場で落成した。

先頭車のキハは20m級、中間附随車のキサハは17m級で、座席はゆったりとした4人掛け固定クロスシート。キハの床下には横型200PS級エンジンと発電機を直結し各1基搭載、各連結面寄りの台車に装架された2基のモーターを吊り掛け式で駆動させた。また、補機用電源としてキサハに歯車式の車軸発電機と鉛蓄電池も搭載、エンジン始動や制御装置、照明などの電力を確保した。最高速度は時速100㎞程で、電車並みのスピードが出せる気動車として注目された。

キハ43000形は名鉄河和線の前身、知多鉄道が誇るデハ910形ロマンスカーで人気の急行電車を意識し、武豊線への投入が決定していた。配置は名古屋機関区で、その慣らし運転を兼ね博覧会輸送に投入。鉄道省としては全国から訪れる観光客に新型車の魅力をアピールし、大好評を博したのである。当時、流線型車両は大流行で、名鉄も「東部線」の豊橋特急用に"いもむし"こと3400系、「西部線」の名岐特急用には"なまず"こと850系を投入、名古屋地区でも華やかな流線型車両の競演が見られた。

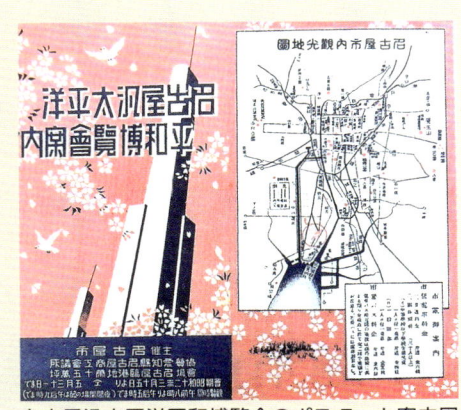

名古屋汎太平洋平和博覧会のポスターと案内図
提供＝名古屋市

キハ43000形は1937年（昭和12）10月29日から、東海道本線・武豊線の名古屋～大府～武豊間で定期運用に就いた。その後の消息だが、第二次世界大戦中の燃料統制で1943年頃に休車。1945年（昭和20）に留置先の浜松工場で被災し、キハは1948年（昭和23）に廃車。キサハは1950年に電車の付随車サハ4301（→サハ6400）に改造され飯田線で活躍。1956年（昭和31）には気動車の付随車に戻りキサハ43800、1957年にはキサハ04 301に改番され、液体式のキハ17形やキハ35形の付随車として晩年を過ごした。関西本線などで活躍したが、老朽化のため1966年（昭和41）に廃車となっている。

余談だが、キハ43000形がデビューした"名古屋港線"は、国鉄分割民営化後はJR貨物が第1種鉄道事業者として引き継いだが、輸送形態の変化で2024年（令和6）4月1日付けで廃止された。

流線型でスマートなキハ43000形電気式気動車　写真＝西尾克三郎（提供＝西尾達子）

ハイブリッド式ディーゼル機関車の
メカニズム

鉄道業界でも内燃車両が進化し、近年は自動車と同様、エコ仕様のディーゼル機関車と気動車が登場してきた。自動車のHEVと同じハイブリッド式で、電気式に蓄電池をプラスしたシリーズ方式が採用され、シリーズ式ハイブリッド機関車・気動車とも呼ばれている。シリーズ方式は、ディーゼルエンジンで回す発電機とモーターの間に大容量の蓄電池が加わるが、エンジンとモーターを小型化し、エンジン使用率も低減できるメリットがある。自動車では日産の「e-POWER」、ダイハツの「e-SMART hybrid」と類似しよう。

機関車ではJR貨物が排出ガスの削減と騒音対策を図るため、2010年（平成22）に試作車を開発した入換用のHD300形がそれ。同機は試作車901号機に続き、2012年（平成24）から量産体制に入り、一般型の0番代のほか寒冷地仕様の500番代も加わり、2024年（令和6）3月現在、41両が活躍中（HD300形の詳細は120〜122頁を参照されたい）。ちなみに、気動車ではJR東日本のキハE200形やHB-E300系、JR東海の特急用HC85系、JR九州のYC1系などが該当する。

なお、鉄道車両でも複数の原動機を車輪の駆動に使用するパラレル式の試験をJR北海道が行った事例はあるが、今のところ同方式でのハイブリッド車は日の目を見ていない。

■ 回生ブレーキの使用が最大のメリット

シリーズ式ハイブリッド車は、ディーゼルエンジンと蓄電池がペアとなり、エンジンは発電機と直結。その電力を使い電気機関車や電車の制御装置によりモーター（主電動機）を駆動させる。構造は、発電した電気をコンバータ（整流器）で交流から直流に一旦変換し、走行用の蓄電池（リチウムイオン電池、主回路・非常用）に蓄える。発進時は蓄電池に充電した電気をインバータ（直流を交流に変換する装置）で交流に戻し、電気だけでモーターを駆動させ走行する。

原則として、停車中と発進時はエンジンが回らないので、燃費はもちろん環境負荷の低減にも効果がある。速度が上がるとエンジンが回り電力を供給。惰行走行時は発電した電力を蓄電池で充電し、減速時は回生ブレーキで発生した電気エネルギーで蓄電池を充電させるので効率的である。ちなみに、回生ブレーキとは、モーターで発電した電力を蓄電池に回収させるさいの回転抵抗を、制動力に活用するシステムをいう。

JR貨物のHD300形は日本初のハイブリッド機関車だ。市街地に近い大規模貨物ターミナルや貨物駅の環境対策に効果を発揮　0番代HD300-11　隅田川貨物駅　令和6年6月5日　写真：塚本雅啓

■ 蓄電池は高額なのが玉に瑕

日常生活に欠かせない電池は、放電しかできない使い捨ての乾電池（一次電池）と、充電して何度も使える蓄電池（二次電池）に分類される。

乾電池はマンガン乾電池が最も安価だが、割高なアルカリ乾電池は長時間使えるものの、基本的な構造はどちらも同じだ。

蓄電池は電気を貯めておく装置で、家庭や産業施設、スマホが主流の携帯電話やタブレット端末など、種々モバイル機器には不可欠な電池だ。原材料のリチウムやコバルトなどは高価な稀少金属で、リチウムの生産国はオーストラリアやチリ、中国などに限られ、日本は輸入に頼っている。自動車業界では近年、世界中でHEVやEVの需要が急増し、需要が供給を上回り原材料コストは大幅に上昇してきた。

ハイブリッド車両は蓄電池を搭載するので、車両価格が高額になるのが玉に瑕。JR貨物は2010年（平成22）からハイブリッド方式の入換専用機HD300形の投入を始めた。だが、新製費用が本線用の電気機関車並みで、増備は必要最低限にとどめ、現在は総勢37両である。

なお、HD300形は大規模な貨物ターミナルと貨物駅のみに配置。小規模な施設には電車線（架線）を増設し、電気機関車を使用した入換方式を採るなど経費節減にも前向きである。

一方、2017年（平成29）から投入を始めたローカル線の貨物列車牽引と入換兼用のDD200形は、実績のあるDF200形とEF210形の技術を応用し、電気式に戻している。また、近年にわかに増えてきたのが電気式の新型気動車で、ハイブリッド方式をベースにしたものの、蓄電池を外して製造コストを下げたのがポイント。前述したJR東日本のGV-E400系とJR北海道のH100系がそれだが、JR西日本の試作車DEC700形は、蓄電池の追加を想定した"ハイブリッド準備車"となっている。

寒冷地仕様の500番代は札幌貨物ターミナルで活躍中　HD300-501（夏季仕様）　令和3年7月2日　写真：奥野和弘

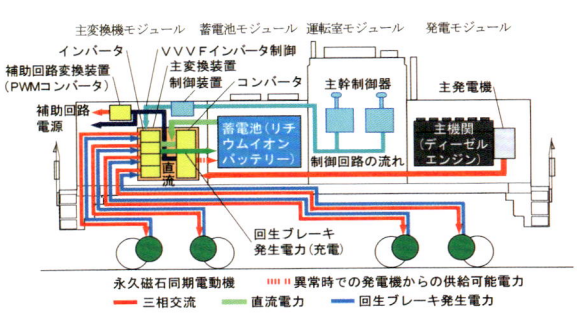

小型だが環境に優しい力持ちHD300形のサイドビュー　名古屋貨物ターミナル　令和6年4月23日

HD300形
ハイブリッド式ディーゼル機関車のシステム図

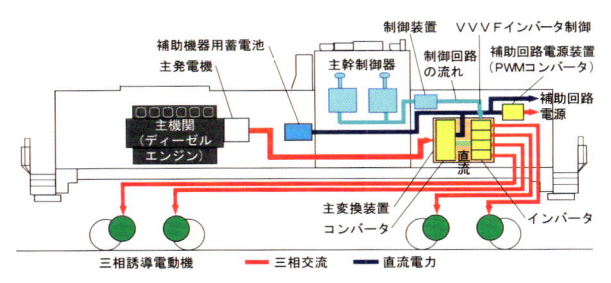

DD200形
新しい電気式ディーゼル機関車のシステム図

■ シリーズ ハイブリッド、鉄道はディーゼル車、自動車はガソリン車

日本の鉄道のハイブリッド車は、機関車・気動車ともディーゼルエンジン搭載のシリーズ方式だ。これに対し自動車のハイブリッド車のシリーズ方式は、今のところはガソリンエンジン搭載車だけ。また、自動車のハイブリッド車でディーゼルエンジン搭載車は、マイルドハイブリッド方式を採用している。

日本の鉄道の気動車の歴史は昭和初期まで遡る（44頁参照）。第二次世界大戦中の燃料不足で開発は中断したが、戦後復興期の昭和26年頃から新しいディーゼルエンジンを載せた新型車の開発が本格化する。その後はディーゼルエンジンで発電する電気式の総括制御気動車、さらには液体式のそれに進化し、ガソリンエンジン搭載の気動車は過去の遺物と化した。また、ガソリン機関車は産業用の小型機などに例はあったが大半は引退している。

側線で憩う電気機関車EF66形127号機を眺めながら構内をこまめに行き来するHD300形8号機　名古屋貨物ターミナル　令和6年4月23日

ところで、ディーゼルエンジンはガソリンエンジンと比較すると圧縮力が高く、トルク（回転力）が強いのが特徴だ。重量な機関車も馬力よりトルクが重視され、圧縮力を高めれば爆発する。燃料の軽油は高温・高圧時に蒸発し燃焼するため、それが常温のガソリンと比較すれば火災の危険度は低い。また、軽油は安価で、かつ鉄道の場合は軽油引取税32円10銭が免税となる。ちなみに、軽油取引税は道路整備のための目的税のため、公道を走らない鉄道は船舶などと同様、対象にはならないのである。

そのようなメリットもあり、ディーゼル車両は鉄道各社で愛用され、民営化後のJR各社もそれ

を踏襲。時代の空気が変わった現代では、環境対策を施したクリーンなディーゼルエンジンが開発され、「ハイブリッドな車両たち」が続々登場した。

液体式気動車の動力・制御機構の概略図

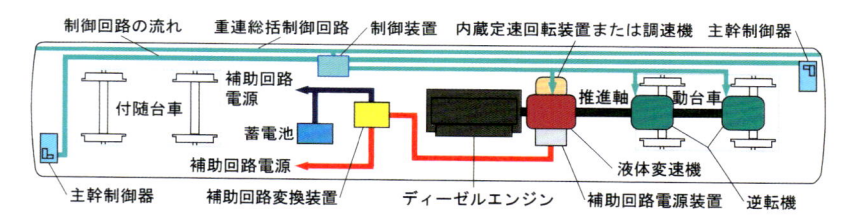

電気式気動車の動力・制御機構の概略図

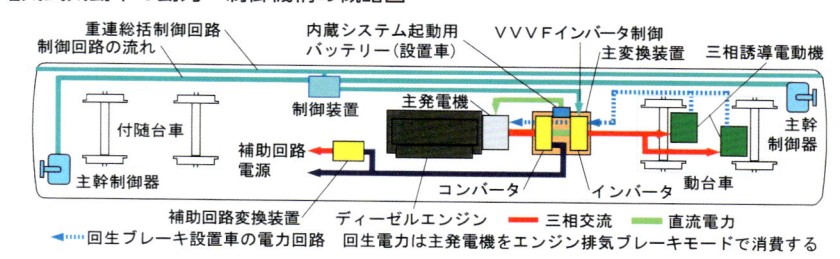

ハイブリッド式（シリーズ式）気動車の動力・制御機構の概略図

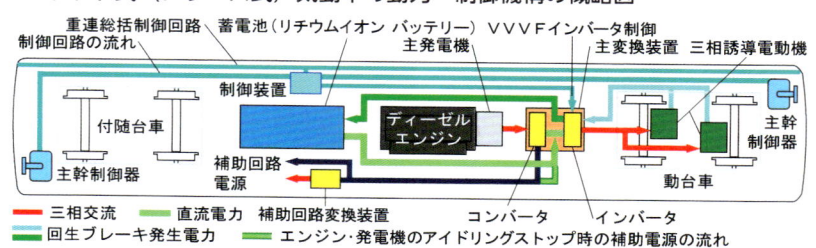

■ にわかに増えたハイブリッド気動車
JR東日本キハE200形は世界初の営業用ハイブリッド車

　鉄道車両でのハイブリッド車の研究が本格化したのは、環境対策が重要視されるようになった2000年以降である。自動車業界ではトヨタ自動車が1997年（平成9）、世界初の量産型ハイブリッド量産車「プリウス」を発売。これが影響したのか鉄道総合技術研究所とJR東日本は2003年（平成15）、E231系がベースの電車用制御装置でディーゼル発電機の電力を制御しモーターを駆動させ、蓄電池により補機電源や回生ブレーキなどを作動させるキハE991形"NEトレイン"（New Energy）を試作した。

　キハE991形は日本のハイブリッド気動車のパイオニアだが、JR東日本は2007年（平成19）、同車をモデルに世界初の営業用ハイブリッド気動車、シリーズ方式のキハE200形を開発。普通列車用で最高運転速度は時速100kmであり、同年7月31日から小海線で営業車実験を継続中だ。

　小海線はJRグループ最大の山岳路線で、小淵沢〜野辺山間は最大33‰の急勾配が連続、清里〜野辺山間には標高1375mのJR最高地点もある。ハイブリッド車にとっては厳しい線路条件だが、沿線は高原リゾートでもあり、燃料消費量はもちろん、窒素酸化物や粒子状物質の排出量を低減し、停車中はアイドリングストップにより騒音抑制も図っている。今や小海線の名物車両として注目され、観光資源にもなっている。

　その後、2010年（平成22）にはキハE200形のシステムを基本に観光用のHB-E300系を開発し、長野と秋田・青森地区へ投入。2015年（平成27）には東日本大震災の復興が進む仙台地区の「仙石東北ライン」用に、両形式の利点を活かしたHB-E210系を投入。仙台〜石巻間を速達で結ぶこのルートは、東北本線（交流）〜連絡線（非電化）〜仙石線（直流）を直通するため、ハイブリッド気動車を新造し"電車"を走らせた。

　JR西日本は2017年（平成29）、クルーズトレイン「TWILIGHT EXPRESS 瑞風」をシリーズ方式のハイブリッド気動車キハ87系として新造。翌2018年には、JR九州が西九州新幹線開業に伴う長崎本線の一部区間の電化設備廃止に備え、長崎地区の輸送改善用にYC1系を開発した。さらに2019年（平成31）には、JR東海が高山本線の特急「ひだ」と紀勢本線の「南紀」で活躍するキハ85系の後継車として、初の特急型ハイブリッド車HC85系を開発。いずれも走行システムや性能に問題はなく、新しい時代の新しい"電車"として注目され、各社とも好評を博している。

JR東日本が2007年に世界初の営業用ハイブリッド車として開発したキハE200系。南アルプス甲斐駒ケ岳をバックに小淵沢の大築堤を快走中　小海線 小淵沢〜甲斐小泉　令和6年5月15日

小海線で営業車実験を継続中のキハE200形、車体に描かれた「HYBRID」のロゴが鉄道文化をアピールし観光資源としても人気上昇中。快走する同形2連　高岩〜馬流　令和6年6月5日〈J〉

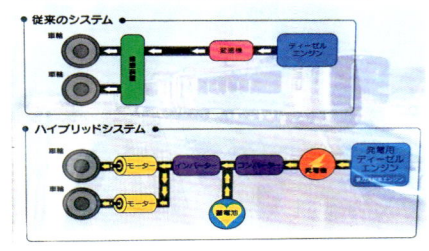

車内に掲出されたハイブリッドシステムを説明するポスター

■ 日本初の高速ハイブリッド車両
特急「ひだ」・「南紀」で活躍するJR東海HC85系

東海道本線から高山本線に直通する特急「ひだ」で、2022年（令和4）7月1日から営業運転を開始したJR東海の新型特急車HC85（エッチシー ハチゴー）系は、動力にハイブリッド方式を採用した車両では、日本初の最高時速120kmで営業運転を行う高速仕様のハイブリッド車両である。2019年（令和元）に試作車（4両編成1本）を製造し、長期走行試験を実施し、2022年（令和4）から量産車が導入された。

「HC」とは「Hybrid Car」の略で、エンジンで発電機を駆動させて発電し、モーターを車軸の駆動と回生に使用。エンジン発電時の余剰電力と回生ブレーキで発生した電力は蓄電池に溜め、エンジンと発電機を小型化し、エンジン使用率の低減を図っている。

その効果は先輩のキハ85系（1989年〈平成元〉に登場）より燃費が約35%、二酸化炭素の排出量が約30%削減されるなど、環境への負荷を低減した地球にやさしい車両である。

ちなみに、自動車ではハイブリッドEVの日産「e-POWER」シリーズに類似したシステムであろう。

ところで、キハ85系も最高速度は時速120km、1両あたりカミンズ社（英国工場）製の大出力350PSエンジン2基を搭載して駆動する気動車だった。HC85系は1両あたり457PSエンジン（出力336kW）1基で発電（定格245kW）し、余剰電力も活かして電気を貯め、モーター（出力145kW）で走るのがポイント。WN駆動でVVVFインバータ制御であり、形式記号は気動車のキではなく、電車の「モ」を名乗る気動車風の"電車"となっている。

ところで、最高時速120kmで走るのは東海道本線の名古屋〜岐阜間で、高山本線でも平坦区間は同110kmを出す。2023年（令和5）3月18日のダイヤ改正では「ひだ」の全定期列車が、同年7月1日からは紀勢本線の特急「南紀」も全定期列車がHC85系化され、現在は両列車ともすべてHC85系で運行されている。

なお、HC85系の車両基地は名古屋駅近くの名古屋車両区（旧名古屋機関区）、これぞ名古屋が誇る令和の名車で、戦前の電気式高速気動車キハ43000形（45頁参照）の魂が甦ったような感もする。

東海道本線を最高時速120kmで疾駆するHC85系4連の上り特急「ひだ」　岐阜〜木曽川　令和5年2月21日

HC85系は車内案内装置で時々、ハイブリッドシステムの稼働状況を報じてくれる

先輩キハ85系にはパノラマ車がいた。下り特急「ひだ」のキロ85形の最前席から捉えた上り「ひだ」のHC85系　高山本線 上麻生　令和4年11月22日

新旧「ひだ」の行違い。特定期間だけHMを掲出したHC85系とキハ85系貫通型先頭車との顔合わせ　高山本線 坂祝　令和5年3月5日

Column

身近な乗物の"電動車"化は進むのか？

　日本では2003年（平成15）、環境対策から自動車を対象に「ディーゼル車規制条例」を制定し、基準に達していないディーゼル車の走行を禁止した。そこでバスやトラックなどの大型車を中心にクリーンディーゼル車が登場し、近年は乗用車にも波及してきた。その後2021年には、「2035年までに新車販売で電動車100％を実現！」の宣言も出た。しかし、商用車の小型車は、2040年までに電動車または脱炭素燃料車100％を目指すという。

　一方、「2050年カーボンニュートラルに伴うグリーン成長戦略」も打ち出しており、今後はハイブリッド車以上のEV（BEV）のみの製造・販売を目指すと表明し、2030年代半ばにはガソリン車とディーゼル車の販売が禁止されるという。また、2050年までに「温室効果ガスの排出をゼロにする」との目標もあり、排気ガスの要因となる車の利用が禁止されることもありうるだろう。

　そのような情況下でもあり、エコカーの人気は鰻登りで、マイカーも"電動車"の時代が到来した。そして、バイクにもEV仕様の電動バイクが活躍し、運転免許なしで乗れる電動アシスト自転車も広義では"EV"の仲間かも…。鉄道車両のディーゼル車も自動車と歩を共にし、さらに高性能でエコなハイテク車両が開発されるだろう。

　しかし、身近な乗物のEV化は鉄道も自動車も蓄電池（バッテリー）の高騰、充電インフラの整備に時間を要し、自動車のEV車はバッテリーの重さと性能が比例するため、ガソリン車よりタイヤの摩擦度が高く、粉じんのもとでもある粒子状物質が増えたという。そのため、当面は環境対策を講じながらEVと石油系燃料との共存が重視されている。

　ライフワークに密着した電動アシスト自転車もバッテリー（蓄電池）とモーターが加わるため、一般の自転車と比較すれば重量に比例し価格も高額。購入には資金繰りが必要で、自動車運転免許を返納した高齢者には補助金制度の導入を検討すべきかも…

　今、時代の空気は変わった。鉄道ではエコなハイブリッド車の開発を進めながらも、蓄電池を省略した新しい電気式の復権。自動車ではEVとガソリンのメリットを活かしたHEVの売れ行きが好調だ。環境に優しく低コストで持続可能な交通インフラの構築には、種々エネルギーを組み合わせた"ハイブリッドな施策"も必要だろう。その原点が、JR貨物が1992年（平成4）に開発した新しい電気式の礎「DF200形」と申しても過言ではない。

電動バイクもEVの時代、郵便配達のバイクにもEV車が進出してきた

運転免許なしで乗れる電動アシスト自転車も広義では"EV"の仲間かも。車両価格が高額なため、一般の自転車のように誰でも気軽に買えないのが現状だ

電動アシスト自転車のバッテリーは小型で軽量、寿命が長いことからリチウムイオン電池が主流。ほかにニッケルイオン電池を使用している車種もある

日本の電気式ディーゼル機関車
発達前史と車両概要

日本初のディーゼル機関車は、鉄道省が1929年（昭和4）にドイツから輸入したDC11形（軸配置1C1、機関出力600PS/700rpm）である。380kWのディーゼル発電機で190kWの主電動機2つを動かし、その回転力がクランク棒により車軸に伝える電気式を採用した。翌1930年には同じくドイツ製のDC10形（軸配置1C1、機関出力600PS/540rpm）を輸入したが、3段変速歯車による機械式だった。両形式はサンプルカー的要素が強く、鷹取機関区に配置され神戸付近での小運転や入換に使用されたが、故障続きで1935年（昭和10）ごろに休車、第二次世界大戦中か終戦直後に廃車となっている。

この間の1932年（昭和7）には、国産機で機械式のDB10形（軸配置B、機関出力60PS）が登場したが、1937年（昭和12）の日華事変の勃発による燃料統制などで1943年（昭和18）ごろ廃車になったとのことだ。

1935年（昭和10）には、川崎車輌製で電気式の入換機DD10形（軸配置A1A-A1A、機関出力500PS）が登場した。中出力の国産機で発電機は300kW。珍奇の技術を導入し、台車は3軸ボギーで

中央の1軸は従輪とした。小山機関区で試用されたが、同機も燃料統制などで稼働期間は短く、1947年（昭和22）に廃車となった。ちなみに、日本でのDLの研究・開発は昭和初期に始まり、それなりの成果は得た。しかし、第二次世界大戦の影響による空白期間もあり、終戦後は欧米に大差をつけられている。

DD50形は国鉄初の電気式本線用DL。主に2両背中合わせの重連で活躍した。北陸本線の旧線"山中越え"でSL、D51の前補機を務めるDD50 4+DD50 1　大桐～山中（信）　昭和36年4月1日　写真：加藤弘行

日本初のDLは昭和4年にドイツから輸入した電気式のDC11形（DC111）だった　提供：鉄道博物館

DD10形（DD101）はDC10形の技術を継承し開発された入換用の電気式中出力DL　提供：鉄道博物館

■ 国鉄初の本線用ディーゼル機関車、電気式DD50形

戦後復興が進み、燃料事情も安定すると、国鉄は輸送力増強と動力近代化を計画した。非電化路線の無煙化を推進するため、1953年（昭和28）に登場したDD50形（軸配置B-B、機関出力900PS/850rpm）は、国鉄で初の本線用電気式ディーゼル機関車であった。

車体は全長11.8m、前面は半流線型の2枚窓で80系電車に似た湘南型。機関はスイスのスルザー社と日本の新三菱重工の技術提携で開発した小型で軽量の8LDA25形（直列8気筒、直噴式）を搭載。同機は運転室が片側のみ、1両あたりの出力は520kW（主電動機130kW/730rpm×4）と小さいが、最高運転速度は時速90km。単機での運転も可能だが原則、2両を背中合わせに連結した重連で運用した。

1953年（昭和28）に第1次車3両（1〜3号機）が登場、翌1954年には車体をマイナーチェンジした第2次車3両（4〜6号機）を増備。だが、騒音が凄く、軸重は15tと重い。かつSG（客車暖房用蒸気発生装置）もなく、車輌価格は蒸気機関車より超高額なため量産は見送られた。

新製時は敦賀機関区に配置され北陸本線で活躍し、同線旧線の"柳ケ瀬越え"（木之本〜敦賀）と"山中越え"（敦賀〜今庄）では長らく補機を務めた。DD50形の重連がディーゼルエンジンと発電機、さらにはモーターをフルパワーで駆動させ、迫ってくる時の轟音は凄まじかった。その健闘ぶりはオールドファンの語り草となっている。

その後は電化延伸で富山機関区へ転属。晩年は米原機関区へ移り、米原〜田村間で電気機関車の交直中継に使用され、1977年（昭和52）12月までに全車廃車となった。

なお、DD50形が登場した同じ時期の1954年（昭和29）には、液体式の入換機で気動車用の汎用エンジン2基を載せた純国産の凸型DL、DD11形も登場している。

DD50形はノッペリ顔に大きな窓がユニークであだ名は"海坊主"だった。DD50 1+DD50 2、後方の本務機はSL=D51形　北陸本線旧線、大桐〜今庄　昭和36年4月1日　写真：加藤弘行

厳寒の"山中峠"に挑む。背中合わせに連結したDD50形の重連が、山装備のD51形が牽く貨物列車の前補機を務める。エンジン、発電機、モーター、SLのドラフトと、"鉄音"の四重奏が山磨にこだまする　北陸本線旧線、新保〜葉原（信）　昭和37年2月10日　写真：加藤弘行

■ 電気式ディーゼル機関車の前史を飾ったDF50形

1957年（昭和32）には本線用の箱型機で主に亜幹線向けの電気式DL、DF50形（軸配置B-B-B）が登場した。車体は箱型で全長16.4m、前面は貫通扉を配し、やや後斜したスタイル。DD50形の技術を参考に汎用性と経済性を鑑み、軸重は14tに抑え、山間路線の急カーブもスムーズに通過可能な台車を履き、線路規格が低い丙線への入線も可能にした。モーター（主電動機）は連続定格速度を低くし、低速域での引張力を強化した客貨両用機である。

1957年（昭和32）に登場した0番代（1〜65号機）は、スイス・スルザー社との技術提携による1060PS/800rpm機関を搭載し、過給圧はDD50形より約20%増圧した。モーターは直流直巻電動機のMT48（100kW225V520A）、1両あたりの出力は600kW（同×6）。第1次車の1〜6号機は試作車、第2次車の7号機は量産先行機だが、量産車で第3次車の8号機以降と比較すると、前面窓が少し大きく屋根腰部の丸みは少し深い。重連総括制御、SG装備で、試作車は準備工事のみだったが、のち量産機並みに改造された。揺れ枕式2軸ボギー台車を履き、駆動方式は1段歯車減速の吊り掛け式、最高運転速度は時速90kmである。

翌1958年（昭和33）には、ドイツ・マン社との技術提携による1200PS/900rpm機関を搭載した500番代（501〜573）も登場。モーターの出力は10%アップし、1両あたりは660kW（110kW250V520A×6）。500番代は0番代の第3次車以降と同様、台車の素材、中間台車の位置や車体細部などに改良が施された。

0・500番代は並行して増備を進め、1963年（昭和38）までに総勢138両を製造。北海道を除く非電化路線の無煙化に貢献し、亜幹線をメインに日豊本線や紀勢本線では寝台特急も牽引した。しかし、電気式の

ため製作費が高く、かつ車重に対して機関出力が不足気味のため、1962年（昭和37）に登場した液体式のDD51形、さらには1966年（昭和41）に登場の液体式中型機DE10形の増備が進むと1976年（昭和51）から廃車が始まる。最終運用地区は四国で、高松運転所で1985年（昭和60）1月21日に廃車となったDF50形34号機を最後に全車過去帳入りしている。

四国鉄道文化館（愛媛県西条市）にはDF50形1号機を静態保存中。同機は1983年（昭和58）に準鉄道記念物に指定され1987年に車籍が復活。現在はJR四国が保有し、高松運転所の配置で同館に貸与されている。

DF50形は北海道を除く亜幹線をメインに活躍した電気式DL。上り準急「ゆのくに」を牽き北陸本線旧線の葉原信号場を通過するDF50形500番代 569号機　昭和37年3月12日　写真：加藤弘行

DF50形0番代重連と同単機牽引の旅客列車の交換　紀勢本線 津　昭和55年2月29日

DF50形の500番代は同0番代より機関出力が約10%アップされた。日豊本線で急行「高千穂」を牽くDF50 533　高鍋～日向新富　昭和47年1月5日

DF50形500番代形式図（1/160）

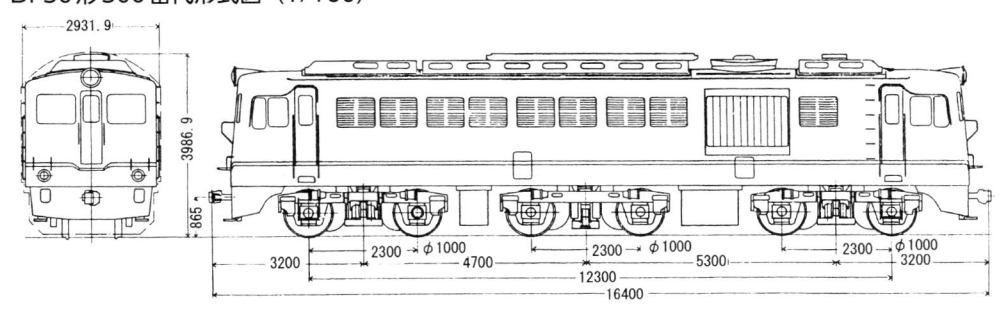

DF50形　主要諸元

区　分　番　代	0番代	500番代
機　関　車　番　号	1～65	501～573
製　造　年	1957～1962	1958～1963
全長×全幅×全高(mm)	16400×2931.9×4066（スルザー40号・MAN536号までは3979mm）	
運 転 整 備 重 量（t）	約84.0（冬期）　約81.0（夏期）	
軸 配 置 ／ 軸 重（t）	B－B－B ／ 約14.0	
台 車 形 式 ／ 動輪直径(mm)	DT102（両端台車）　DT103（中間台車）／ 1000	
動 力 伝 達 方 式	電気式	
主　機　関　構　造	水冷 4サイクル 立形 8気筒 直接噴射式 排気過給機付き	水冷 4サイクル V形 12気筒 予燃焼室式 排気過給機付き
主 機 関 形 式/搭載量	スルザー 8LDA 25A／1	MAN V6V22／33mA／1
1時間定格出力/回転数(PS/rpm)	1200／850	1400／1000
連続定格出力/回転数(PS/rpm)	1060／800	1200／900
主発電機形式/搭載量	DM49／1	DM52／1
連続定格出力	700kW 450V 1560A／800rpm	780kW 500V 1560A／900rpm
駆動装置制御方式	制御空気圧方式　主発電機出力・界磁制御　重連総括制御	
主電動機形式/搭載量	MT48／6 ※1	
連続定格出力(kW)	100kW 225V 520A 410rpm	
接　　　続	2個直列 3組並列	
駆動方式　歯車比	1段歯車減速吊り掛け式 72：17（4.235）	
ブ レ ー キ 方 式	AL14自動空気ブレーキ	
最高運転速度(km/h)	90	
最大引張力(kgf)	21000（μ＝1/4）	

※1　国鉄の諸元表では0番代も500番代も同一の主電動機を使用していることから連続定格出力を同じ（実
　　際は500番代の連続定格出力は110kW　250V　520A）とし、全界磁での連続定格速度を0番代は17.5
　　km/h、500番代は19.5km/hと差異があった

■ 車両メーカーが競い合った新型DLの試作機

　昭和30年代に入ると動力近代化の波に乗り、日本の鉄道車両メーカーも電気式と液体式の新型DLの開発に精魂を傾けた。誌面の都合で電気式試作機の主要形式のみを紹介する。

　DF40形（軸配置C-C）は、川崎車輌が1955年（昭和30）に試作した本線用の電気式DL。箱型車体で前面は半流線型の二枚窓、側面は丸窓が並び、機関は川崎重工とドイツ・マン社との技術提携品を搭載。翌年、国鉄が借り入れ高松機関区に配置し各種試験を実施。DF50形500番代の開発モデルとなり、1963年に国鉄が買い取りDF91形（2代目）1号機とした。のち、DF50形との重連総括制御装置を付加し、前面は貫通型に改造。土讃線などで活躍したが、1975年（昭和50）に廃車となった。

　DF90形（軸配置C-C）は1956年（昭和31）日立製の本線用電気式DL。機関は日立とマン社が技術提携し、V形16シリンダーを使用し、出力は1680PS/900rpmにアップ。水戸機関区に配置され常磐線で試用、1957年（昭和32）に国鉄が買って秋田機関区に移り、1971年（昭和46）に廃車となった。

　DF41形（軸配置C-C）は、汽車會社が1958年（昭和33）に試作した本線用の電気式DL。当初はDF41形と名乗った。機関は三井造船製の1300PS/800rpm、SG装備の客貨両用で、福知山機関区に配置され福知山線や山陰本線で試用。のち、DF92形を名乗ったが1962年（昭和37）に返還された。

惜別のHMを掲出したDD51形1801号機によるJR貨物のDD51形ラストラン運行　関西本線 春田〜八田　令和3年3月12日

■ 電気式から液体式へ、そして再び電気式へ

　海外のメーカーと技術提携して機関を開発し、量産化された本線用の電気式DL、DF50形はそれなりの成果は得た。しかし、研究が進むとコスト並びに軽量化の観点から、次世代の新型DLは機関を純国産化し、動力伝達方式は液体式を採用した。

　本線用は凸型車体でV型12気筒ディーゼルエンジン（シリンダーの配置がV字型で片バンクに6気筒ずつ×2）を2つ搭載し、2000PSまたは2200PSのDD51形。支線用は車体がセミ・センターキャブで同エンジンを1つ搭載し、1250PSまたは1350PSのDE10形などが量産され、電気式のDF50形は主役の座を降り、1985年（昭和60）に引退した。

　時代は流れ元号が平成に変わるとDD51形も経年劣化が加速。貨物輸送で引き続きDLも使用するJR貨物は、本線用後継機の開発が急務となる。そこで浮上したのが液体式より効率が優れた電気式で、新しい技術なら軽量化、高加速化も可能で製作費も抑えられると判断した。そして、総合的に検討した結果、保守・管理で経済的な新性能の電気式を採用することにし、1992年（平成4）にDF200形の試作機、901号機が誕生したのである。

昭和37年に次世代本線用DLとして登場した液体式のDD51形。量産先行機の1号機は新製当初の茶色に戻され「碓氷峠鉄道文化むら」で保存展示中　平成31年4月1日

第 2 章

ECO-POWER RED BEAR
DF200 形
電気式ディーゼル機関車の概要
北海道、中京、九州で活躍するハイパワーのハイテク機

　非電化路線の無煙化に貢献した昭和の名機、DD51形の後継機として、JR貨物が北海道での貨物列車の高速化も踏まえ、1992年(平成4)に開発したのがDF200形である。

　DF200形は試作機901号機に続き、量産先行機0番代3両とその量産機9両の計12両、50番代13両、100番代23両(うち8両は200番代に改造・後述)の総勢49両を製造。2000年(平成12)には一般公募で車両愛称を「ECO-POWER RED BEAR」(エコパワーレッドベア)と命名、JR貨物のディーゼル機関車で愛称がついたのはDF200形が初めてだった。このほか、JR九州には同機を改良した旅客用の特別機で、クルーズトレイン「ななつ星in九州」の牽引機7000番代がいる。

　JR貨物のDF200形は当初、全機を鷲別機関区(登別市)に配置。2014年(平成26)8月30日には同区の廃止で全機が五稜郭機関区(函館市)へ転属。さらに100番代のうち8両は機器の一部を改造、プラス100の200番代を冠称し、2016年(平成28)8月から2020年(令和2)6月までに本州の愛知機関区(稲沢市)へ転属した。

内浦湾をバックに長大編成の高速コンテナ列車を牽引するDF200形のトップナンバー DF200-1（五）　室蘭本線 黄金－崎守　平成27年8月2日

DF200形 電気式ディーゼル機関車 開発の経緯や進化のポイント

■ 悲願だった北海道での機関車の高速化

　主要幹線でも非電化路線が多い北海道では、液体式ディーゼル機関車DD51形が無煙化の使者として大活躍し、優等旅客列車から貨物列車まで機関車牽引列車の主役を務め、中でも貨物輸送は電化・非電化区間を問わずDD51形が通し運用を担ってきた。

　時は1990年代初頭、北海道でも高速道路の延伸が進み、JR北海道は都市間輸送の充実を図るため、ライバルの高速バス対策として、新型車両を投入し高速で飛ばす特急の増発を進めていた。特急の増発には旅客・貨物との協調ダイヤが不可欠だが、中でも青函トンネルを介し、"津軽海峡線"から続く五稜郭〜札幌貨物ターミナル（函館本線・室蘭本線・千歳線）間は本州〜北海道（道央圏）のメインルートで"特急街道"でもある。

　しかし、DD51形の最高速度は時速95km。そのため、長大編成の寝台特急「北斗星」・「カシオペア」

千歳線は超過密路線で貨物列車は特急・快速の隙間を高速で走る。DF200-108牽引の上り高速貨物と733系下り「エアポート」のすれ違い　新札幌　令和5年11月15日

（上野〜札幌）、「トワイライト エクスプレス」（大阪〜札幌）、特急の隙間を走る「フレートライナー」はDD51形の重連牽引で対応していた。だが、足が遅いのは拭いきれず機関車の高速化は悲願だった。

■ 後継機DF200形は高出力・高速型

北海道の厳しい気象条件は機関車の傷みや劣化が激しく、かつDD51形は経年20年を超え、その一部は機関の更新をしたものの、老朽化は隠せなかった。

また、札幌近郊の千歳線では1992年（平成4）7月1日、南千歳（旧：千歳空港）で分岐し、新千歳空港の地下に新設した新千歳空港駅を結ぶ支線2.6km（空港線）が開業。それに伴い同駅に乗り入れる電車快速が大増発され、最高速度は時速120km、かつ等時隔運転（15分ごと）となり、名称を「エアポート」に改称（旧：空港ライナー）。毎時1往復は旭川特急「ライラック」の札幌〜新千歳空港間を延長し、特急形電車781系をそのまま快速「エアポート」として直通させた。もちろん自由席は料金不要で開放するなど、JR北海道が空港輸送に賭ける期待は大きかった。

そのため、新札幌〜南千歳間での貨物列車の高加速・高速化は急務となり、JR貨物もそれに対応し、主要幹線でのスピードアップと輸送力増強、機関車運用の効率化を図るため、DD51形の後継機として高出力・高速型の新型ディーゼル機関車を設計・開発し、DD51形の液体式から一転した電気式のDF200形を新造することにした。

■ DF200形の最高運転速度は時速110km

高出力・高速型の電気式ディーゼル機関車DF200形の開発コンセプトは、高速走行の旅客列車とダイヤの協調を図ること。最高運転速度は時速110km（設計最高速度は時速120km）。平坦線区での均衡速度は、コンテナ列車だと800t牽引時で時速110km、同1,000tだと時速100km。専用貨物列車なら1,300t牽引時で時速110kmとした。

構想実現には、加減速、曲線通過、上り勾配での均衡速度の向上を目指し、可能な限り車両の軽量化に努め、ばね下重量の軽減や車軸配置の適正化、さらには新技術の導入により駆動装置、制動装置の信頼性を高めて操縦性の高い制御システムとし、保守の省力化により経費の軽減も図りたいとした。そして、1992年（平成4）3月末に試作機900番代901号機が川崎重工業で落成（書類上の届出は同年9月2日付）したのである。

■ 千歳線の定時運行はDF200形の健闘がカギ

DF200形が牽引する貨物列車は夜行列車が多いものの、列車密度が高い昼間もそれなりの本数がある。空港アクセスとインターシティの重責を担う千歳線だが、貨物列車も対本州との重要な物流ラインだ。高速走行の旅客列車の隙間を走る貨物列車だが、千歳線の定時運行は、DF200形の本領発揮が遅延防止のカギでもあろう。

本州と北海道を結ぶ寝台特急はJR北海道のDD51形が重連で牽引していた。「カシオペア」を牽くDD51形重連　室蘭本線　黄金〜崎守　平成28年3月6日

製造元の川崎重工業で挙行されたDF200-901の落成記念式典　平成4年3月25日　写真：松本洋一

厳寒の冬もDF200形は積雪の鉄路をハイパワーで驀進する。DF200-102が牽く下り高速貨物　函館本線 大沼公園〜赤井川　令和5年12月20日

快速「エアポート」は2020年（令和2）3月14日改正で、運転本数が毎時（片道）4本から5本に増え、朝の札幌発2本と夜の新千歳空港発2本に特別快速（標準停車駅、新札幌・南千歳）を新設。さらに2024年3月16日改正では「エアポート」を毎時6本に増発、輸送体系も特別快速1本・快速3本・区間快速（北広島〜新千歳空港間各停）2本とした。また、札幌〜北広島間には普通が毎時2本加わり、近郊電車はトータル毎時8本。さらに函館特急「北斗」や釧路特急「おおぞら」なども加わり超過密ダイヤとなっている。ちなみに「エアポート」は、2002年（平成14）3月16日から2014年（平成26）8月29日までの間に最高速度が時速120kmから130kmに引き上げられていた。この期間もDF200形はパワー全開で疾駆し、過密ダイヤの定時運行に健闘したのである。

■ 進化のポイントは久々の電気式の採用

DF200形の進化のポイントは、先輩のDD51形（製造1962〜1978年）が液体式だったのに対し、電気式を採用したことにある。つまり、ディーゼルエンジンで発電機を回してモーターを駆動させる"電気機関車"で、ハイパワーを活かし、重連牽引の解消に威力を発揮できるのである。

日本では国鉄のDF50形（製造1957〜1963年、全廃1985年）以来の電気式だが、DF200形の軸重は16tで14tが前提だったDD51形より重くなった。それは重量制限が緩和され、本線仕様で大出力の大型機の開発が可能になったためでもある。

当時は国産で大容量のトルクコンバータの開発は休止中だったが、電気機関車ではVVVFインバータ制御など信頼性の高い機器を導入した新時代の"名機"が主流になってきた。

すなわち、大型機関とリンクする電気式の採用は、駆動装置の小型化や保守の軽減も図れると判断され、日本ではDF50形の製造中止以来、約30年ぶりに電気式ディーゼル機関車が日の目をみたのであった。

DF200形は新時代の電気式DLで、気象条件が厳しい北海道の物流を支える鉄道貨物の立役者でもある。札幌機関区で憩う同機たち　平成26年11月6日　写真：奥野和弘

■ 川崎重工業と東芝の合作

車体は兵庫県神戸市の川崎重工業で製造され、艤装も同社で施工。電気機器は東芝製で、車体に掲出の製造銘板は「川崎・東芝」の両社名を記載。エンジン関係の詳細は後述するが、901号機と0番代はドイツMTU製、50・100・200・7000番代は国産のコマツ製である。

JR貨物所属機の全般検査（全検）は全機、苗穂車両所（札幌市）で施工する。そのため愛知機関区配置車も全検は、北海道へ里帰りして受けている。

主電動機やVVVFインバータなどの検査・修繕は、北海道の東芝関連企業が担当。エンジンの検査・修繕はMTU製が北海道の自動車系企業に外注、コマツ製は専用コンテナに載せ、愛知機関区へ移送し、施工しているようだ。

自動列車停止装置は当初、JR貨物はATS-SFを搭載したが、JR北海道のDN化推進により五稜郭配置車は同SFに加え、DNとの互換性がある貨物列車用のDFを付加。愛知機関区への転属車はSFを残し、DFをJR東海のPTに対応するPFに交換した。

ナンバープレートは当初、切り抜き文字だったが、運転室側面窓下の「JR FREIGHT」のロゴと共にブロックプレート化を完了。車体側面の「JRF」ロゴの省略も進む。

一方、JR九州が2013年（平成25）7月に新製したDF200形7000番代（車号DF2007000）は1両の少数派。JR九州管内を走行するため、ATSはDKとSKを搭載（新製時はSKのみ）。全般検査は小倉総合車両センターで施工する。なお、1両のみの保有で予備機はない。

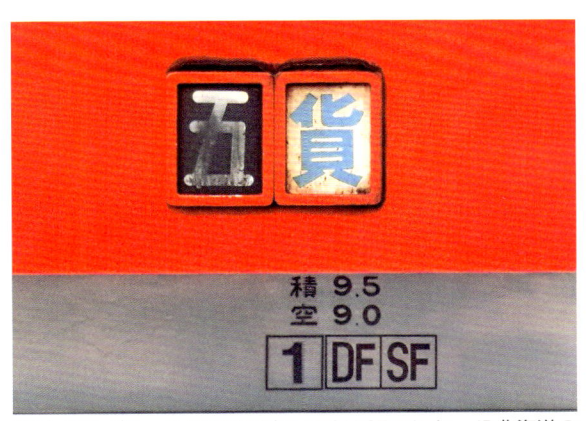

「五」の札が入ったDF200形のATSはSFのほか、JR北海道のDNに対応できるDFも搭載

「愛」の札を入れたDF200形のATSはSFのほかJR東海に対応のPFも搭載

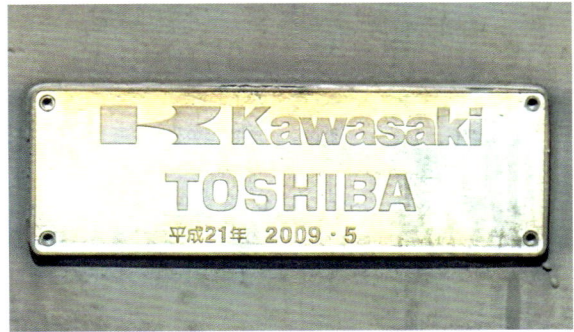

DF200形の製造銘板。「Kawasaki、TOSHIBA」の合作

JR九州のDF200形7000番代の車両標記、ATSはDKとSK

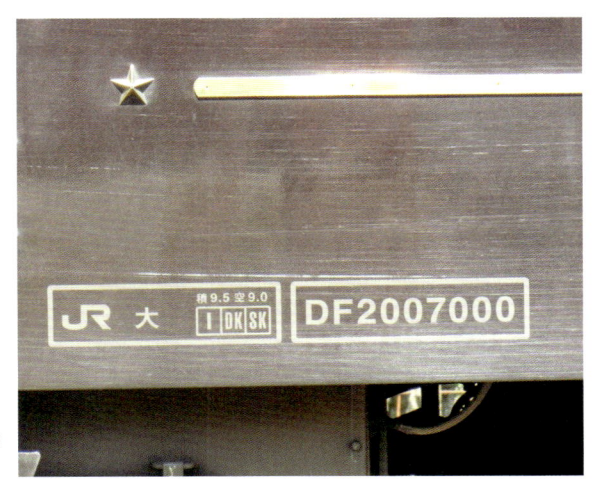

試作機　900番代

新技術を駆使した平成の新鋭機

　JR貨物が日本では約30年ぶりの電気式ディーゼル機関車として開発したDF200形は、1992年（平成4）3月に試作機901号機が落成。同年4月9日に札幌機関区で導入式を挙行し、4月22日には公式試運転と性能試験を実施した。そして、新技術を駆使した同機は鷲別機関区に配置され、北国でのドラマが始まったのである。

■ 車体・車内

　車体は全長19.6mで20m級、耐候性鋼板を使用した箱型だが、膨らみを有する車体の先頭部分は19.2m、連結器部分だと18.8m。前面は非貫通の縦方向3面折れタイプの流線型で、視界の広いパノラマタイプの2枚窓である。前照灯は前面窓上の中央

JR貨物が新時代の技術を駆使して設計・開発した箱型で重厚な車体のDF200形。試作機901号機　札幌機関区　平成4年4月9日
写真：奥野和弘

に4灯あるが中心の2灯のみが点灯。運転台の直下には、ナンバーを挟んだ両側に標識灯（尾灯）を各1灯設置。屋根の高さは車両限界に近い約4m（4078mm）まで上げ、機器類の艤装空間を確保した。

車内は前後が運転室、そのほかは機械室だ。運転室背面には機器箱があり、電子制御装置、制御用機器、保安装置などを収めている。

機械室は3つに分かれ、その中央にはエンジン冷却水冷却装置を配置し、放熱器や冷却ファンで構成される冷却エリア（ラジエータ）としている。ここには電動空気圧縮機や空気ブレーキ圧縮機、補助回路用の蓄電池を搭載。その両隣は動力源の機関エリアで、エンジンと主発電機を組み合わせて搭載。主変換装置や補助電源装置は運転室後方に各々設置してある。

床下には発電ブレーキ用の抵抗器と燃料タンク、その間に空気タンク（元空気溜・供給空気溜）を設置しているが、この割付は火と油の断ち切りを考慮した配置のようでもある。

ちなみに、エンジンは1基ごとに2枚の冷却器を前後視でV字型に配置。これは限られた車体長の中で表面積を確保するための苦肉の策で、上部に設置された一つのファンでまとまりのある機能を持つ部品、すなわちシステムを構成する"モジュール"を形成している。

また、冷却ファンは電動式で、"モジュール"は全体が大きな箱型となり、通気抵抗はDD51形（シュラウド型・覆う幕）と比較すると低くなった。

車内の機器類の配置は前後ほぼ対称だが、運転室は奥行寸法が小さいため、乗務員扉は助士席側のみにあり、運転台側のそれは車体側面のほぼ中央、放熱板の左側に設置された。

運転台は耐寒・耐雪構造で、機器の操作と計器の視認性を重視。左手側はセラミック機能装備のブレーキハンドルで、単弁（機関車のみを制御する単独ブレーキ）はL形、自弁（被牽引車両への編成全体にかかる自動ブレーキ）はT形。右手側はマスコンでL形となっている。計器類は空気圧力計、速度計、電流計はアナログ（指針）表示。元空気溜はデジタル表示で、そのモニターには運転状況のほか、故障など異常時の応急マニュアルなども表示できる。なお、ワイパーは摺動部分がリンクにより常に垂直になる方式となっている。

車体塗色は濃淡の灰色と赤（朱色）が基調で、スカートは赤。登場当初は車体側面の運転室運転台寄りの裾に「INVERTER HI-TECH-LOCO」のロゴが白で描かれていたが、のちに赤紫（コンテナレッド）の「JRF」ロゴに変更。その後、それは白に変わり、同助士席側には車両愛称の「RED BEAR」のロゴが付加された。

なお、ナンバープレートは晩年まで切り抜き文字のままで、側面にはJRFのロゴも残っていた。

洗練されたデザインの前面マスク。ナンバーは切り抜き文字　川崎重工業　平成4年3月25日　写真：松本洋一

本線用ディーゼル機関車としては久々の電気式となったDF200形。登場時に愛称ロゴは描かれてなかった　川崎重工業　平成4年3月25日　写真：松本洋一

運転室は居住性をアップ。計器類は左から圧力計、速度計、電流計〜、ハンドルは左から単弁、自弁、マスコンなどを配置　川崎重工業　平成4年3月25日　写真：松本洋一

車内両端の機関室内に配されているエンジン　平成27年7月29日　写真：奥野和弘

車内中央は冷却室　平成27年7月29日　写真：奥野和弘

■　走行装置

　DF200形はディーゼルエンジンで発電機を回し、発電した電力でモーターを駆動する電気式である。すなわち、給電を発電機からまかなった電気機関車と理解したい。走行用の主機関は以下、①給電ユニット＋②駆動ユニット＋③補助電源ユニットの3ユニットで一つの「群」を構成し、それを2群搭載している。

　①給電ユニットは、ドイツMTU社製12V396TE14形（定格出力1,200kW、1,700PS/1,800rpm、排気量47.5ℓ）ツインターボ・インタークーラーお

および排気過給機付き直接噴射式水冷12気筒V型ディーゼルエンジンと、東芝製FDM301形の自己通風冷却式回転界磁式ブラシレス同期発電機（三相交流、定格出力1,550kVA/1,800rpm）を、継手を介してエンジンに直結させている。

②駆動ユニットは、GTOサイリスタによるパルス幅変調式の電圧形VVVFインバータ装置3台と、ダイオード使用の三相全波整流器を組み合わせた主変換装置。それに主電動機として強制風冷式三相誘導かご形電動機（定格出力320kW）3台を組み合わせている。

③補助電源ユニットは、主発電機出力の三相交流から入力後、整流器で直流に変換し、さらにインバータで交流に電力交換する。

ちなみにドイツMTU社とは、ロールス・ロイス・グループのロールス・ロイス・パワーシステムの子会社。また、電装品はすべて東芝製である。

ところで、DF200形では一つのインバータで一つの主電動機を制御する1C1M方式が採用された。6輪駆動となったため定格動輪周出力は、4輪駆動のDD51形の約2倍、起動時の加速度と粘着安定性もアップした。この効果でコンテナ貨物800t牽引の場合、平坦線では時速110km運転も可能となる。主機関が2群あるため、もし片群にトラブルが発生しても、主動力と補助動力用の切換えスイッチにより健全側からの供給が可能で、6輪駆動は極限まで継続できる。

主電動機の装架方式は、電気機関車で最もポピュラーな吊り掛け式。動軸への動力伝達は1段歯車減

登場当初は車体側面の運転室運転台寄りの裾に「INVERTER HI-TECH-LOCO」のロゴが白で描かれていた。台車は軸はり式ボルスタレス構造で台車枠は鋼板溶接構造。両端台車のFDT100　川崎重工業　平成4年3月25日　写真：松本洋一

速方式で、コロ軸受けは主電動機の車軸支え部とし、台車への弾性支持は軸梁方式である。歯車比は4.47（15：64）、軸距は2,300mm、車輪径は910mmだ。

台車は軸重を押さえるため、軽量化された軸梁式ボルスタレス構造の2軸ボギー台車で、形式は両端がFDT100、中間はFDT101、いずれもダイヤフラム式の空気ばねによる車体支持方式である。登場時は台車に砂箱を装備していたが、のちセラジェット方式に変更された。なお、牽引力の伝達は低心Zリンク方式（中心ピン）方式による。

■ 制動関係

単弁は発電ブレーキ併用の電気指令式空気ブレーキ、自弁は自動空気ブレーキで、ノッチ操作で設定圧力までブレーキ管圧力が減圧できる。自車が被牽引車の場合は、牽引される機関車からの空気圧指令で自車のブレーキが作動する。

ブレーキ制御は、①ブレーキ設定器（従来のブレーキ弁に相当）、②ブレーキ指令器（発電、空気ブレーキの制御指令を出力）、③ブレーキ制御装置（制御指令を空気圧力に変換）の3つで構成される。発電ブレーキ（踏面出力1,200kWに設定）は時速30km以上で作動し、原則として同ブレーキのみで作動するが、列車ブレーキが容量不足の場合は自車の空気ブレーキがサポートする。

基礎ブレーキ装置は片押し式踏面ブレーキで、制輪子には焼結合金を使用。ブレーキシリンダと同テコが一体化して台車に装架するユニットタイプである。自動すきま調整機能を装備し、中間台車には駐車ブレーキ機能も付加されている。

■ 厳寒対策

DF200形は北海道での運用を前提に設計・開発されたため、厳寒対策は万全である。耐寒・耐雪構造では、運転室は気密・保温システムを強化し、前面ガラスには熱線を入れ温風式デフロスタも付けた。

台車には砂まき管の目詰まり防止を図るため、電動機の排気熱を活用した温風ヒーターを装備。ブレーキ関係では耐雪ブレーキ制御を付加し、除湿対策も踏まえて保温ヒーターも装備された。

■ 営業運転は1993年（平成5）3月10日から

　DF200-901号機は1992年（平成4）4月から5月中旬、同7月下旬から8月下旬に性能確認試験を、翌1993年1月には冬季制動試験などを行い、安定走行、牽引性能、制動性能、誘導障害などを確認。その後は約半年間にわたって乗務員の検修、習熟運転も実施した。特筆されるのは1993年（平成5）1月19・21・22・24日の深夜、千歳線と石勝線の千歳〜追分間で、単機ながら時速110kmの高速試験を行ったことなどが挙げられる。

　営業運転は1993年（平成5）3月10日から開始し、重連牽引となる昼間の1往復の前補機として本務機DD51形の前に連結、約2ヶ月間にわたり室蘭本線〜千歳線の東室蘭〜札幌貨物ターミナル間で慣らし運転を実施した。その後、運用区間が函館本線の五稜郭まで拡大され本格営業に就いた。

JR貨物はDF200形で1994年度のローレル賞を授賞。同HMを掲出したDF200-901　鷲別機関区　平成6年9月15日　写真：奥野和弘

重連運用のDD51形の前補機として営業運転を開始したDF200-901。小雪が舞う早春の千歳線を快走中　西の里（信）　平成5年3月12日　写真：奥野和弘

車体塗色を0番代タイプに変更、車側に白のJRFロゴ、赤いRED BEARの愛称ロゴを付加したDF200-901　千歳線 島松〜恵み野　平成19年5月8日　写真：奥野和弘

Column

遥かなるSL時代、「主役交代」から半世紀
D51形からDD51形へ、そしてDF200形は…

　"赤熊"ことDF200形のメイン舞台は北海道である。このうち道央と道東を結ぶ大動脈、広域幹線の機能を担う石勝線の追分〜新夕張間は、旧夕張線の追分〜紅葉山（現：新夕張）間を線形改良、路盤強化して編入した区間だ。旧夕張線は夕張炭鉱を控えた運炭路線で、主力の貨物列車は、国鉄のSL（蒸気機関車）牽引本線営業列車の最後を飾った記録が残る。

　時は1975年（昭和50）12月24日、追分機関区のD51形241号機は運炭列車、夕張発追分行き6788列車を牽き大トリを務めた。当時、筆者は社会人一年生。年末の繁忙期ながら無理に休みをもらって訪道したが、この日は石炭の香りに旨みを感じ、周囲の山々にこだまする汽笛は「さよなら協奏曲」のようにも聞こえた。翌25日からはピカピカのDL（ディーゼル機関車）、DD51形の重連が同じ運炭列車を牽き、主役の座に就いていた。

　時代は流れ国鉄は分割民営化し、JR貨物が引継いだ北海道のDD51形は2014年（平成26）に勇退。後継ぎはDF200形が実権を握り、石勝線の貨物列車も同機の単機牽引で高速走行している。旧夕張線の残存区間（石勝線夕張支線）、新夕張〜夕張間16.1kmも夕張市の「攻めの廃線」で2019年（平成31）4月1日に廃止。そして、DD51形からバトンタッチしたDF200形も、試作機901号機が老朽化で2023年（令和5）3月に車籍を抹消された。

　光陰矢のごとし、無煙化の使者の二代目にも肩たたきがきたようだが、遥かなるSL時代が青春だった筆者には、半世紀前の「主役交代」の日のドラマが忘れられないのである。

国鉄のSLが牽く本線最後の営業列車は夕張線の貨物列車だった。雪原を驀進するD51 241（追）の勇姿　夕張線 紅葉山〜滝ノ上　昭和50年12月24日

翌日からは全列車が新製のDD51形と交代。夕張川沿いを走るDD51形重連の運炭列車。そのDD51形も北海道では勇退した　夕張線 滝ノ上〜川端　昭和50年12月25日

旧夕張線の一部は石勝線に編入。新線に切り替えらえた区間をDF200-901が牽く下り高速貨物が快走する　滝ノ下（信）〜滝ノ上　平成18年10月27日　写真：奥野和弘

0番代　量産先行機・量産機

試作機の成果を反映させた改良型

■ 車体はマイナーチェンジ

　試作機901号機での試用実績を鑑み、基本0番代の量産先行機を1994年（平成6）9月から10月に3両（1〜3号機）新造。その後、1996年（平成8）3月から1998年（平成10）3月までに0番代の量産機を9両（4〜12号機）増備し、合計12両が投入された。

　車体はマイナーチェンジされ、前面は縦方向の2面折りに変更。前照灯は窓上中央に2灯、窓下左右に各1灯（計2灯）としたが、標識灯（尾灯）と並べ、一体化したデザインにまとめられた。また、3面折りを2面折りにしたため塗り分けも変わり、上部の灰色の割合が減り、外観のイメージは変化した。

　運転室は視界がワイドなパノラマタイプで、側窓の幅も若干拡大し、操作性や居住性がアップしている。また、車側の乗務員扉の手すりが少し上に伸び、同中央部乗務員扉の左上にあった換気用の羽板は廃止された。量産機のワイパーは原則、摺動部がアームと一直線になるタイプに変更。だが、リンク式で摺動部が常に垂直になる旧タイプも混在する。

0番代量産先行機のDF200-1。仲間は3両（1〜3）で前面は試作機の3面折から2面折にマイナーチェンジ。運転室運転台寄りの裾にはJRFロゴが描かれたが、登場当初は赤紫色だった。 川崎重工業　平成6年9月1日　写真：松本洋一

前面は前照灯の配置や塗り分けの位置なども変更　平成6年9月1日　写真：松本洋一

操作性や居住性が向上した運転台　平成6年9月1日　写真：松本洋一

0番代の量産先行機、DF200-2が牽く上り高速貨物が雪化粧した北の鉄路を快走する　函館本線 黒岩〜山崎　平成7年2月19日　写真：奥野和弘

■ 車側のJRFロゴ、当初は赤紫、のち白に

車体側面、運転室の運転台側の裾には「JRF」のロゴが描かれたが、登場当初はスカートは赤、車側のJRFのロゴは赤紫（コンテナレッド）だった。だが、10〜12号機はスカートを灰色、JRFのロゴは白に変更した。

一方、2000年以降は「RED BEAR」（赤）と、ECO POWER」（白）のロゴが助士席側の乗務員扉脇に付加された。なお、1〜9号機では順次、JRFロゴの色を白に変更したため、しばらくは赤紫と白が混在した。しかし、のちに0番代のスカートは赤、JRFのロゴは白に統一されている。

ナンバープレートなどのブロックプレート化は進み、切り抜き文字で残っていた12号機も2022年9月の3回目全検時にブロックプレート化された。

なお、0番代で唯一JRFのロゴが残っていた10号機も2023年11月に苗穂車両所に入場、3回目の全検を施工し翌2024年3月24日に出場したが、同ロゴは消されていた。

10号機の全検出場により、0番代は全機が3回目の全検を受け、JRFのロゴも消滅している。

車体側面は当初、運転室運転台側の裾だけに赤紫のJRFロゴを掲出。量産先行機DF200-2のサイドビュー　千歳線 美々〜南千歳　平成7年4月25日　写真：奥野和弘

0番代1〜9号機のスカートは赤、その後の変更もなし。当初は愛称ロゴもなし。DF200-5が牽く高速貨物　千歳線 西の里（信）　平成9年7月12日　写真：奥野和弘

0番代は全機、スカートは赤、JRFロゴは白に統一。12号機もそれに倣ったがナンバープレートは長らく切り抜き文字のままだった　石勝線 新夕張〜楓信号場　平成18年7月2日　写真：奥野和弘

■ エンジン系統も改良

エンジンは901号機と同じドイツMTU製だが、補助電源システムを簡素化するため、整流器出力の直流入力を補助電源装置側の整流機能をカットし、電力交換を直流→交流とした。

また、主変換装置制御部と補助電源装置の構成、冷却エリアの機器配置を見直し、構造の簡素化と保守の軽減を図っている。

なお、10号機はのちに登場する改良型50番代の試験用に、新造時はエンジンを国産のコマツ製SDA12V170-1を搭載して出場。現在は仲間と同じドイツMTU社製に換装されている。

エンジンは試作機と同様、ドイツMTU製を搭載したが補助電源システムは簡素化　写真：松本洋一

10号機はエンジンを次期50番代の試験用に国産のコマツ製を搭載したが、のちMTU製に換装。JRFロゴが目立ち、ナンバープレートが切り抜き文字の時代の同機　函館本線（藤城線）七飯〜大沼　平成26年7月23日

■ 空転防止用の砂箱を小型化

台車は試作機と同じ軸梁式の軽量ボルスタレス台車で、両端台車はFDT100、中間台車はFDT101。空気ばねにより車体を支持し、台車中央のZリンクを介し中心ピンから動力が伝達される。

なお、台車に装備している空転防止用の砂箱は、1996年（平成8）3月に登場した量産機の4号機からセラジェット方式に対応するため小型化された。同方式に使用される砂とは、セラミック細粒と珪砂（主成分は石英）の混合物で、既存の天然砂より費用が安く使用量も節約できる。その後は順次、既存車もセラジェット方式に交換されている。

車体前後の両端台車FDT100。写真は量産先行機DF200-1の落成時のもの。当初、JRFロゴは赤紫
写真：松本洋一

中間台車、FDT101
写真：松本洋一

量産4号機からは砂箱を小型化し、のち量産先行機も同様に改良された。DF200-6の両端台車　令和5年12月21日　函館貨物（五稜郭）

50番代

量産機の改良型

■ エンジンは国産のコマツ製を搭載

DF200形50番代は量産機の改良型で、1999年（平成11）12月から2004年（平成16）1月までに51～63号機の13両が新造された。ただし、56号機は2012年（平成24）2月16日の石勝線・東追分信号場付近での脱線事故で大破し廃車・除籍となったが、同機を除く12両は現役である。

特筆されるのは、エンジンがドイツ製から国産のコマツ製SDA12V170-1に変更されたことだ。これは当時進めていたDD51形の更新工事Bで換装したエンジンと同系統のもので、機関の共通化による保守の向上と経費節減を図っている。

同エンジンはV型12気筒で機関出力1,800PS（1,320kW）/1,800rpm）、排気量46.3ℓ。性能的には微増し、中速域での出力がアップした。

エンジンを国産のコマツ製に変更した50番代は1999年に登場。新造時から全機、スカートは灰色、JRFロゴは白。のち愛称ロゴを赤で付加した。トップナンバーDF200-51が牽く下り高速貨物　函館本線（藤城線）七飯～大沼　令和5年12月21日

■ スカートは灰色、JRFロゴは新造時から白

　車体はほぼ0番代を踏襲したが、スカートは灰色に変更され、JRFのロゴは新造時から白とした。なお、2000年度製造機からは愛称が決まった「RED BEAR」（赤）などのロゴを車側に描いて登場し、既存機にも順次付加された。

　現在、全機のブロックプレート化を完了。JRFロ

ゴが残るのは54号機だが、同機は踏切事故の修繕により片側（公式側）のみロゴが残る異色な存在。

　2回目の全検は全機完了済みだが、52号機は3回目の全検を受け2024年（令和6）2月9日に苗穂車両所を出場。51号機も同年3月7日に同所へ入場し3回目の全検を受け6月8日に出場。引き続き2回目の全検から8年が経過していた53号機も3回目の全検のため6月21日に入場した。

小雪舞う大沼国定公園の小沼湖畔を走るDF200-57牽引の上り高速貨物　函館本線　大沼〜仁山　令和5年12月21日

50番代のトップナンバー51号機には令和5年12月末現在、JRFロゴが残っていた　同ロゴと両端台車のFDT100

51号機の側面ナンバーと中間台車FDT101　函館本線　五稜郭　令和5年12月21日（2枚共）

100番代

技術の集大成

■ ベクトル制御を導入

DF200形の量産機では最高傑作のグループで、2005年（平成17）から2011年（平成23）までに101〜123号機の23両が新造された。このうち8両は本州向けの200番代（後述）に改造され、現在100番代を名乗るのは15両である。

エンジンは国産のコマツ製だが、最大のポイントはVVVFインバータのスイッチング素子に、半導体素子の一つのIGBT（絶縁ゲート バイポーラ ト

ランジスタ）を採用したことである。これはベクトル制御といい、モーターの回転を低速から高速まで効率良く制御できる技術を導入し、主電動機の回転力と同部分の磁界発生成分を分割して効果を高め、制御精度の増強により動輪の粘着力をよりアップさせている。

主電動機も改良され、機関の低速回転時における発電能力を強化。この効果はアイドル運転時と低段ノッチ時の機関回転数を下げ、わずかだが騒音を低くすることができた。

ベクトル制御を導入しDF200形の技術の集大成100番代。101号機は2005年新製で、ナンバーは当初、切り抜き文字　函館本線　大沼　（試運転）平成17年8月10日　写真：奥野和弘

■「RED BEAR」の愛称ロゴは新造時から掲出

　車体は50番代とほぼ同じで、スカートは灰色、JRFロゴは白、車側の愛称コゴも新造時から描かれている。

　全機がブロックプレート化され、1回目の全検は施工済み。2回目の全検は102・103・104号機が受け、108・109号機も2024年度中に施工されそうだ。JRFのロゴは108〜110号機に残るが、前述の如く、最後の1両は110号機になるかも。

　なお、104・113号機は前頭部右下の踏板右に鹿対策と察するスピーカーを装備。ちなみに、103号機も装備していたが2023年（令和5）2月の全検時に外されたようだ。

試運転はDF200-101が前補機に付き本務機0番代2号機を従えた重連で実施　函館本線 大沼　平成17年8月10日 写真：奥野和弘

前頭部に鹿対策のスピーカーを装備したDF200-104。同機は2022年12月に2回目の全検を受けた　函館本線 大沼公園〜赤井川　令和5年4月27日

100番代も全機ブロックプレート化されJRFロゴの抹消も進む。いずれも施工済のDF200-112　根室本線 富良野　令和5年11月15日

100番代も両端台車はFDT100（左）、中間台車はFDT101（右）

200番代

"本州の道産子機関車"

■ 100番代の一部を本州仕様に改造

北海道でも道路整備が進み、物流はトラックへシフトする傾向にある。2014年（平成26）5月末には、室蘭市に最後まで残っていた企業が原油からの石油精製作業を中止したため、本輪西（室蘭市）〜札幌貨物ターミナル間の鉄道による石油輸送が終了。道内の石油輸送はタンクローリーや船舶輸送に転換された。このため鉄道貨物は減少し、余剰となったDF200形は100番代の一部が本州仕様に改造され、

愛知機関区のDF200形で唯一JRFロゴが残る206号機。エンジンを吹かして黒煙を上げ、力行する赤い車体が水鏡に浮かびあがった　関西本線 永和〜白鳥信号場　令和5年5月17日

200番代の両端台車もFDT100。ブレーキシューは暖地向き

中間台車、FDT101

200番代で愛知区入りのトップはDF200-223。DD51形重連の前部に連結し三重連単機で試運転を実施　関西本線 八田～春田　平成28年9月24日　写真：加古卓也

新番代の200番代を冠し、老朽化が進む愛知機関区のDD51形との置換え用に充当された。

　トップをきったのはDF200-123で、改造のため製造元の川崎重工業兵庫工場（神戸市）へ入場した。DF200形は道内でも住宅街から騒音の苦情が出ていたとかで、防音強化をメインに、ブレーキシューの暖地向け改良、保安装置の変更などを施工。ちなみに、ATSはJR東海のPTに対応するため、SFは残しDFをPFに変更した。ナンバーはプラス100の200番代223号機となり、2016年（平成28）7月に出場した。同機は8月5日に愛知機関区へ甲種輸送されて種々試験を実施。

　特筆されるのは同年9月下旬から10月上旬に行われた東海道本線の"稲沢線"～関西本線での本線試運転で、DF200-223にDD51形の重連を連結。稲沢～四日市間で上下ともDF200形を先頭に下りは三重連単機、折返しの上りは同三重連で満タンのタンカー（油タキ）を牽引した。

　ちなみに、防音強化で機関の騒音が下がったようにも感じるが、その効果で発電エンジンと吊り掛け駆動のサウンドが共鳴し、電気車ファンにはたまらない魅力が加わったようでもある。

■ 200番代の運用開始は2018年2月1日から

　"本州の道産子機関車"DF200形200番代は、223号機での試運転が続き、2017年（平成29）3月17日のダイヤ改正で、稲沢～塩浜間にDF200形の仕業を2コース新設。しかし、乗務員の習熟訓練が遅れ、暫定的にDD51形が重連で代走を続けた。

　その後、DF200形は2017年（平成29）12月に216号機が回着し、翌2018年1月21日からは塩浜支線、四日市～塩浜間でも試運転を実施。仲間が複数にな

主役交代の過渡期はDF200形とDD51形の共演が見られた。"塩浜線"の塩浜駅で発車待ちのDF200-223牽引の上りタンカー（左）と待機中のDD51 857（右）平成30年6月28日

令和3年3月から1年間走ったDF200形史上初の定期清一色重連。DF200形200番代で最初に定期仕業に就いた功績を持つ216号機が前補機を務める同重連8075列車　関西本線　富田～富田浜　令和3年5月19日

れば予備車の確保も容易になるため、2018年（平成30）2月1日から216号機が定期仕業に就き、同年2月には220号機も回着。DD51形の重連は順次、DF200形の単機牽引に代わった。

　引き続きDF200形の増備は進み、同年6月に222号機、翌2019年は4月に205号機、6月に206号機、さらに2020年（令和2）4月に201号機、トリは同年6月の207号機で、愛知機関区のDF200形は予定数の8両が出揃ったのである。

　運用面では2019年（平成31）3月16日改正で、DF200形が6コース、DD51形は5コースとDF200形が逆転。同改正では機関車運用の都合で下り臨8075列車がDD51形とDF200形の変則重連となり鉄道ファンを沸かせた。翌2020年（令和2）3月14日改正ではDD51形が4コースに減り、2021年（令和3）3月13日改正でDD51形は定期運用から離脱、DF200形の仕業は10コースとなった。同改正ではDF200形が本格運用を始め、臨8075列車の変則重連はDF200形の清一色重連となる。これぞDF200形史上初の定期重連運用が出現した。ちなみに、両重連の本務機は有火無動力だった。

　しかし、翌2022年3月12日改

正でDF200形の仕業が9コースに減り、臨8075列車は単機牽引となり、DF200形の定期重連は消えてしまった。

■ 旧100番代のトップとラストナンバーが在籍

　DF200形200番代は全機8両の少数派だが、愛知機関区には旧100番代トップの101号機（現：201）と、ラストナンバーでDF200形の最終増備機の123号機（現：223）が在籍するのは興味深い。ナンバープレートのブロックプレートは、200番代化改造時に全機完了。運転室側面窓下の「JR FREIGHT」ロゴのブロック化と、側面のJRFロゴ省略は206号機を除き完了。すなわち、JRFロゴが残るのは206号機が最後である。

　一方、愛知機関区のDF200形で唯一、逆エンドだった223号機は2023年（令和5）、約7年ぶりに北海道へ里帰りし、1回目の全検で苗穂車両所へ入場。翌2024年2月6日に出場し同8日に愛知機関区へ帰還したが、逆エンドのまま2月20日のA6仕業から現役復帰した。

　なお、同機では非公式側に記載されるはずの「検査標記」が省略されたのが特筆されよう。

名古屋へ"移住"したDF200形のトップはラストナンバー123号機を改番した223号機。愛知機関区の仲間で唯一の逆エンド機だったが、令和6年2月の1回目全検査施行後も逆エンドのまま帰還。検査標記の省略も実施　関西本線　白鳥信号場　令和6年3月8日

■ 201号機と207号機はラッピングを施し 地域活性化に貢献!

DF200-201は2022年（令和4）9〜12月に苗穂車両所で全検を受けたが、愛知機関区へ帰還した後の翌2023年1月、活躍する舞台の愛知、三重県下の沿線風景の名所を車体にラッピングした特別機に整備。一般公募で愛称を「アイミー（Ai-Me）」（愛知のアイと三重のミ）とネーミングされ、1月16日に愛知機関区でお披露目し、同23日から営業運転に就いた。

また、2023年（令和5）10月中旬にはDF200形で初めて、前照灯のLED化も施工。より魅力アップし、10月14日のA2仕業から運用に復帰した。

DF200-207は2024年（令和6）3月下旬、稲沢市

が本拠地のバレーボールチーム「ウルフドッグス名古屋」をモチーフしたラッピングを施工。前面には同チームの公式マスコットキャラクター「ウルドくん」を描いたHM風を、車体側面はチームのロゴマーク、同のキャラクターとチーム名などを掲出している。

この施策はJR貨物東海支社が、同チームを運営するTGSPORTS（株）の地域貢献活動「ウルフドッグスACTION」に賛同。2021年11月から協業を始め、翌2022年9月には支援パートナー契約を締結したことから実現したものである。3月29日に愛知機関区でお披露目し、4月1日のA8仕業からニュールックでの運用を開始している

令和5年新春にラッピングが施され、愛称を「アイミー」とネーミングされたDF200-201。同年10月には前照灯のLDE化も施工　関西本線 蟹江　令和5年10月20日

DF200-207は、令和6年3月下旬、「ウルフドッグス名古屋」のラッピングを施工。4月1日から営業運転に就き地域活性化に貢献している　関西本線 富田　令和6年4月12日

■ 写真で見る　DF200形100番代→200番代 新旧対比

愛知機関区にやって来た道産子DF200形は200番代を冠し、"本家"北海道は五稜郭機関区の100番代の一部を改造して生まれた番代だ。本頁では種車と改造後のナンバーを新旧対比で並べてみた。

ちなみに、201号機は101号機の改造だが、DF200形のバリエーションの中ではハイテク技術を駆使した100番代のトップナンバーだ。登場時の試運転では先輩0番代の前補機に連結、北海道では珍しいDF200形の清一色重連の記録を残した。その走行シーンは電子付録をご覧いただきたいが、愛知区入り後は地域と貨物列車の親愛を図ろうと、ラッピング機「アイミー」に整備されて注目を浴び、人気者になっている。

なお、同区のラッピング機は、Part2として107号機改造の207号機が「ウルド号」に整備された。

DF200-201の原色当時の姿。JRFロゴも掲出　"塩浜線"塩浜〜四日市　令和3年6月11日

101号機→201号機（愛知区入り、令和2年4月23日）現：ラッピング機「アイミー」

黎明のころ、DF200-101が牽く夜行高速コンテナ列車が札幌を目指し力走する　室蘭本線　虎杖浜〜竹浦　平成27年8月2日

DF200-201はラッピング機「アイミー」に整備され、令和5年10月には前照灯をLDE化　"塩浜線"塩浜　令和5年11月1日

105号機→205号機（愛知区入り、平成31年4月5日）

DF200-105　函館本線 森〜桂川　平成20年5月2日
写真：奥野和弘

106号機→206号機（愛知区入り、令和元年6月4日）

DF200-106　根室本線 羽帯（羽帯駅は平成30年3月17日廃止）　平成19年8月17日　写真：奥野和弘

DF200-206　"塩浜線" 四日市〜塩浜　令和3年6月22日

107号機→207号機（愛知区入り、令和2年6月19日）現：ラッピング機「ウルド号」

DF200-107　千歳線 北広島〜島松　平成25年9月26日
写真：奥野和弘

DF200-207　関西本線 八田　令和3年5月17日

愛知機関区のラッピング機Part2として「ウルド号」に整備されたDF200-207　関西本線 蟹江　令和6年5月29日

116号機→216号機（愛知区入り、平成29年12月6日）

DF200-116　千歳線 北広島〜島松　平成21年7月18日
写真：奥野和弘

DF200-216　関西本線 四日市　令和3年6月2日

120号機→220号機（愛知区入り、平成30年2月6日）

DF200-120　千歳線 島松〜北広島　平成24年7月29日
写真：奥野和弘

DF200-220　関西本線 朝明（信）〜桑名　令和3年6月
16日

122号機→222号機（愛知区入り、平成30年6月26日）

DF200-122　函館本線 大沼〜仁山　平成26年7月23日

DF200-222　関西本線 春田〜八田　令和4年5月27日

123号機→223号機（愛知区入り、平成28年8月5日）

DF200-123　五稜郭機関区　平成27年7月29日　写真：奥野
和弘

DF200-223　東海道本線 稲沢　令和6年3月8日

DF200形 番代解説

JR九州7000番代

「ななつ星in九州」牽引機

■ 豪華絢爛な出で立ちの旅客用機関車

　JR九州が誇るクルーズトレイン（豪華寝台列車）「ななつ星in九州」は、2013年（平成25）10月15日より営業運転を開始した。その牽引機として同年7月12日に川崎重工業で新製したのがDF200形7000番代で、車両番号は7000。JR貨物が設計・開発したDF200形がベースで車体はほぼ同じだが、各種ライト類や手すりの形状が異なる。

　車体塗色は牽引する77系客車に合わせて「古代漆」が基調で、ロイヤルワインレッドの光沢あるカラーを地色に、前面には金色のグリルを、前面と側面には金色の列車エンブレムが施され、重厚感を醸し出している。

由布岳をバックにクルーズトレイン「ななつ星in九州」を牽引するDF200形7000号機　久大本線
由布院〜野矢　令和6年1月7日

DF200形7000番代の製造銘板。JR貨物のDF200形各番代と同様、川崎重工（車体関係）と東芝（電装品等）の合作　大分

「DF2007000」号機の車両標記、2位側運転台下の裾には1回目の全検年月を掲出。ATSはJR九州管内用のDKとSKを装備
令和6年1月7日（2枚共）

■ 性能的には100番代がベース

DF200形7000番代は、性能的にはJR貨物の100番代に近いが、旅客用で連結相手が豪華寝台客車でもあり、最高運転速度を時速100km（設計最高速度は時速120km）に抑えている。また、防音強化策として一部の機器を小型化し、消音器や排気ファンなどの騒音や振動も低減させ、騒音抑制の必要時は1台のエンジンでも運転を可能にした。

連結器は客車牽引時の衝撃軽減を図るため、密着式自動連結器を採用。その緩衝器はダブルアクション式とし、制動時などでの客車への衝撃を緩和させている。なお、並形自動連結器（柴田式自連）との連結を考慮し、その可動範囲を制約（上下左右→左右のみ）させる切替レバーも付けている。制動装置は電気指令式ブレーキだが、勾配区間などでのDE10形とのプッシュプル運転を想定し、空気指令式にも対応可能な併用タイプでもある。

2021年（令和3）9月に小倉総合車両センターで1回目の全検を施工、ATSはJR九州管内用のDKとSK（新製時はSKのみ）。予備機はなく、検査時等はDE10形の重連が代走することもある。

「ななつ星in九州」を牽引するDF200形7000号機。「古代漆」が基調で金色のグリルも配し豪華絢爛である　久大本線 筑後吉井〜うきは　平成27年10月20日　写真：吉富 実

客車牽引用のため密着式自動連結器を装備し緩衝器はダブルアクション式。並形自動連結器との連結を考慮し可動範囲を制約させる切替レバーも付く　大分　令和6年1月7日

DF200形7000号機のサイドビュー。車体はJR貨物の各番代と同じだが、ロイヤルワインレッドの光沢と金色の列車エンブレムが輝いている　日豊本線 大分　令和6年1月7日

2位側運転台下の愛称プレート、裾の車両標記、両端台車
FDT100　日豊本線 大分　令和6年1月7日

中間台車FDT101　豊肥本線 阿蘇　令和6年3月22日

華麗なる姿の旅客用DF200形7000号機。貨物用とはイメージが異なるがメカは同100番代とほぼ同じである　大分　令和6年1月7日

「**お宝写真**」車両標記は当初、「25.7新製　SK」（平成25年7月新製、ATSはSKのみ）だった。豊肥本線 宮地　平成26年3月9日　写真：加地一雄

DF200形　主要諸元

区 分 番 代	900番代 ※1	0番代 ※2	50番代 ※3	100番代 ※4	200番代 ※5	7000番代 ※6
機 関 車 番 号	901	1～12	51～63	101～123	201 205 206 207 216 220 222 223	7000
製 造 年 （改 造 年）	1992	1994～1998	1999～2004	2005～2011	（2016～2020）	2013
全長×全幅×全高（mm）	19600×2805（最大2944）×4078　※7000号機のみ全長は20000mm					
運 転 整 備 重 量（t）	96.0					
軸 配 置／軸 重（t）	B－B－B ／ 16.0					
台 車 形 式 構 造	ＦＤＴ100（両端台車）ＦＤＴ101（中間台車）軸梁式　ボルスタレス構造　低心Ｚリンク方式皿					
動 力 伝 達 方 式	電気式					
主 機 関 構 造	Ｖ形12気筒　過給機・中間冷却器付きディーゼルエンジン×2					
主 機 関 形 式	ＭＴＵ　12Ｖ396ＴＥ14		コマツ　ＳＤＡ12Ｖ170-1			
シリンダ内径×行程（mm）	165×185（排気量47.5ℓ）		170×170（排気量46.3ℓ）			
定格出力／回転数（PS/rpm）	1700/1800		1800/1800			
主 発 電 機 形 式	ＦＤＭ301形　回転界磁式ブラシレス同期発電機					
定格出力（kVA/rpm）	1550/800×2					
駆 動 装 置 制 御 方 式	１Ｍ１Ｃ方式ＶＶＶＦインバータ制御					
主変換装置半導体素子	ＧＴＯ			ＩＧＢＴ		
主電動機形式／定格出力（kW）	ＦＭＴ100　三相交流かご形誘導電動機／320kW×6（1920kW）					
駆動方式　歯車比	１段歯車減速吊り掛け式　64：15（4.27）					
ブ レ ー キ 方 式	発電ブレーキ併用電気指令式空気ブレーキ（単弁）自動空気ブレーキ　ＣＬＥ空気ブレーキ（自弁）					
最高運転速度（km/h）	110					
最大引張力（kgf）	33390					

※1　前面は三面構造で前照灯位置は量産機と異なる
※2　4号機から砂箱がセラジェット方式に変更（既存車も変更）
※3　主機関形式変更により出力を強化
※4　ＶＶＶＦインバータ　スイッチング素子変更
※5　100番代からの改造　騒音対策強化　ＪＲ東海ＡＴＳ－ＰＴ対応の保安装置ＰＦを設置　ＤＦは撤去
※6　ＪＲ九州所属機　豪華寝台列車『ななつ星in九州』専用牽引機 100番代をベースに騒音や振動対策強化　密着自動連結器装備　ＡＴＳ－ＤＫ搭載　塗装を変更

DF200形　カラーバリエーション

試作機 901 号機から『ななつ星 in 九州』牽引機 7000 号機まで

DF200形　901号機（登場時を示す）

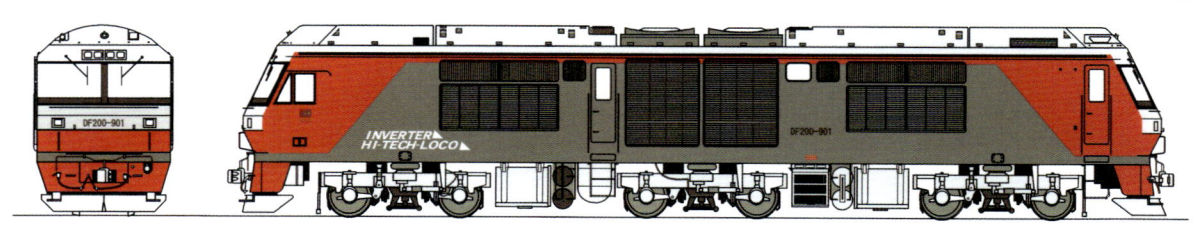

試作機901号機は前面形状が三つ折りで、前照灯は前面窓上部に設置。前面ナンバーの左右は尾灯。車端部の屋根形状や車体の塗装塗り分けは量産機と異なる。スカートの塗色は前面腰板部分と同じ赤。登場時は台車に砂箱を装備し、後年にセラジェット方式に変更。ワイパーは登場時は摺動部分がリンクにより常に垂直になるタイプを装着。側面扉の手すりの長さが量産機よりも短い。登場時には「JRF」の文字ではなく、「INVERTER HI-TECH-LOCO」の文字を表記。運転台側窓下のJR貨物の表記下には設計者の銘板、側面のナンバーの裾にはメーカーズプレートが取り付けられている。

DF200形　1〜3号機（1号機の登場時を示す）

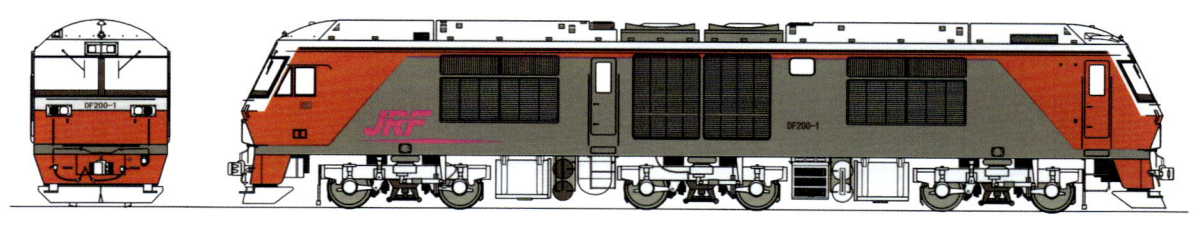

1〜3号機は試作機901号機の改良先行量産機。前面形状が二つ折りになり、前照灯の位置も変更。車体の塗装塗り分けも一部変更。スカートの塗色は前面腰板部分と同じ赤。「JRF」マークは赤紫色。登場時には愛称の「RED BEAR」が付けられる前なので表記はない。登場時は台車に砂箱を装備。後年にセラジェット方式に変更された。登場時のワイパーは摺動部分が垂直になるタイプを装着。

DF200形　4〜12号機（登場時を示す）

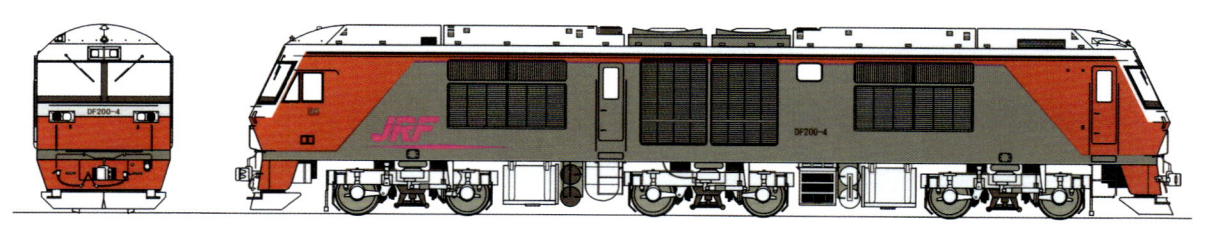

DF200形の量産機。台車の砂箱はセラジェット方式に変更。愛称名の「RED BEAR」は登場時には表記されていない。（後年に表記される）ワイパーの摺動部分はアームと一直線のタイプとなったが、リンク式で摺動部分が垂直になるタイプのワイパーを装備した車体の写真も一部で見られる。10〜12号機は前面のスカートが灰色で登場しだが、1〜3号機と同じ赤に塗り替えられた。

JR貨物のロゴマークや機関車愛称名の英文文字、JR九州の列車名表示ロゴマーク等はいずれもイメージです。機関車の車体色は多くの写真を参考に近似の色彩に着色しました。図の縮尺はいずれも1/160で掲出しました。

DF200形　51～63号機（登場時を示す）

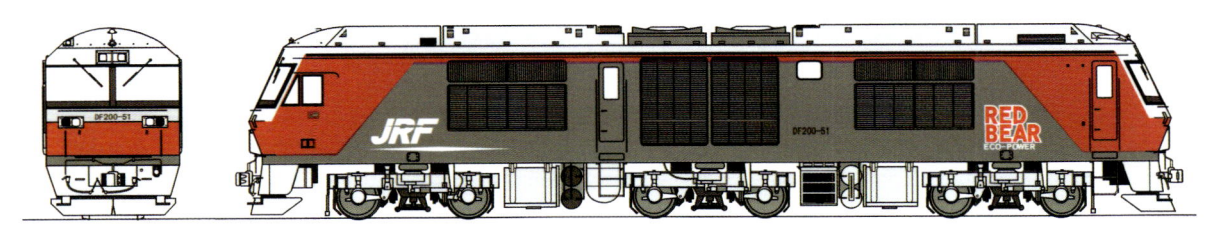

0番代との外観上の大きな差異はないが、前面スカートの色が明灰色に変更。2000年に決まった愛称名の「RED BEAR」が2000年以降に製造された車体に書き込まれた。（2000年以前に製造のDF200形にも追加表記）「JRF」の表記は赤紫色から白字に変更。

DF200形　101～123号機（200番代改造車を除く。2024年現在）

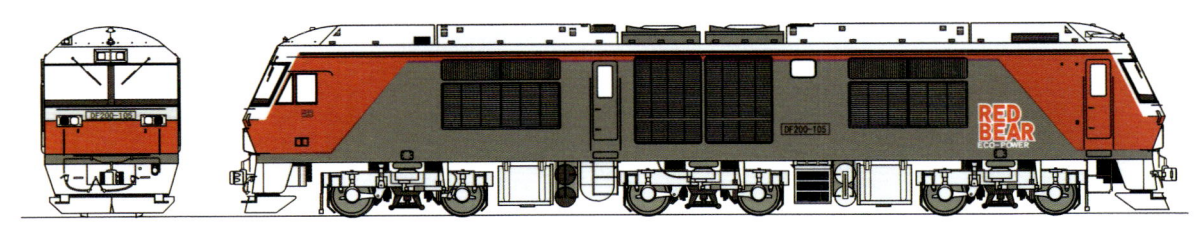

他の番代との外観上の大きな差異はない。機号のナンバーは切り抜き文字を貼り付けていたが、他の番代ともブロックプレート化された。「JRF」の表記はほとんどのDF200形から消されている。

DF200形　201号機（200番代改造車。2023年現在。「Ai-Mi」ラッピンク機）

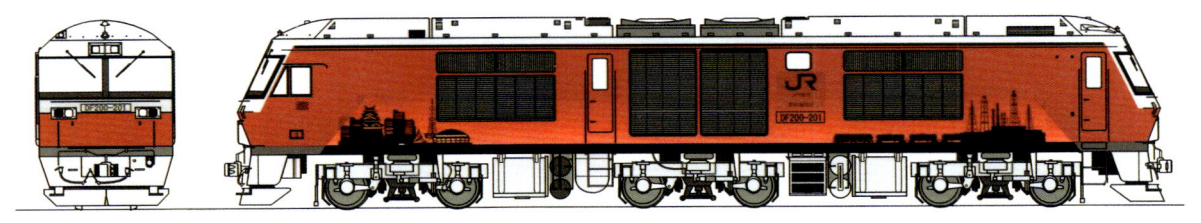

100番代の改造型。201号機は2023年に愛称「Ai-Mi（アイミー）」と名付けられたラッピング機。車体側面のグレー部分を赤からオレンジ色へのグラデーションとし、名古屋と四日市をシンボライズしたイラストをシルエットで表現。ラッピング機には「JRF」と「RED BEAR」の表記はない。

DF200形　7000号機（JR九州 所属機　2024年4月時点を示す）

JR九州の豪華列車「ななつ星 in 九州」専用牽引機。塗装は車体全体が古代漆色（ロイヤルワインレッド）。下回りとスノープラウは黒色。車体の各所に英文の列車名やエンブレム、装飾のラインは金色で塗装。側面のルーバーの大きさや、前照灯、窓回り、ワイパー取り付け座などはデザイン変更され、前面に装飾の金色のグリルを取り付け。登場時と比べ一部の塗装、記号表示などが若干変化している。

作図：塚本雅啓

DF200形 形式図と車内機器配置図

DF200形901号機（登場時を示す）

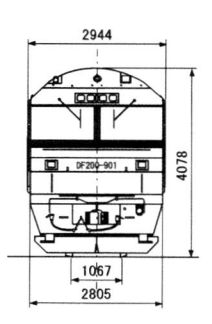

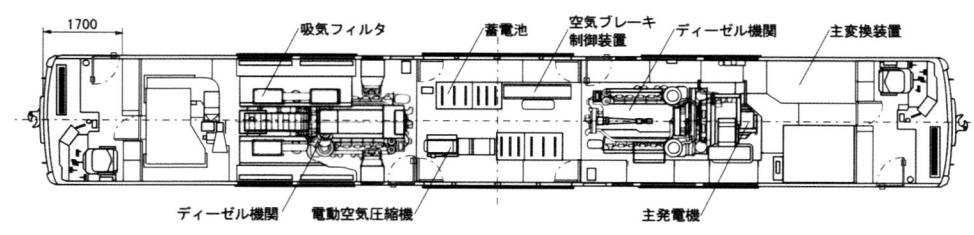

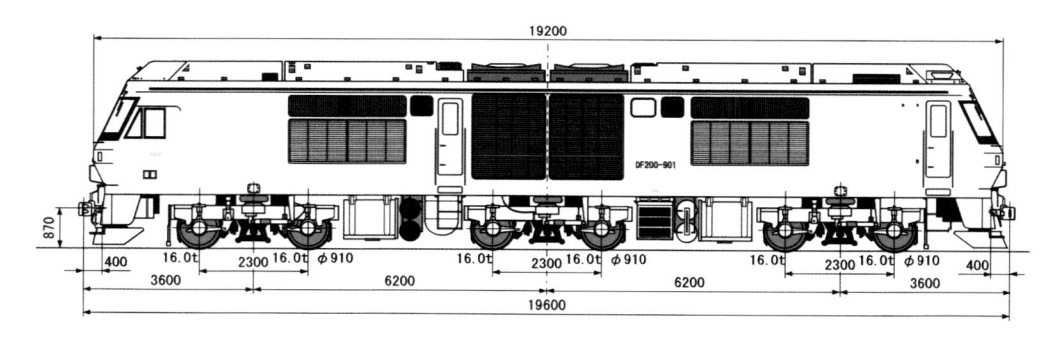

形式図は正面図と側面図を掲出。参考にした形式図には主要寸法のみが表記され、車内機器配置図は機器の名称や一部の機器が省略されているものもある。

901号機の特徴は正面が三つ折り（標識灯の上下で車体に角度を付けている）であること。側面の小窓に並んで小さな通風口が設置されていることなどである。

1〜3号機は蓄電池など一部の機器配置が901号機と異なり、車内通路の配置にも差異がある。登場時には901号機と1〜3号機は台車に砂箱を設置（のちにセラジェット方式に変更された）、正面のウインドワイパーは4号機以降は変更されている。

51〜63号機はディーゼルエンジンが変更されたが、外観と車内機器配置には大きな変化は見られない。

●形式図・車内機器配置図とも1/160で掲出しています。

作図：塚本雅啓

DF200形　1〜3号機（登場時を示す）

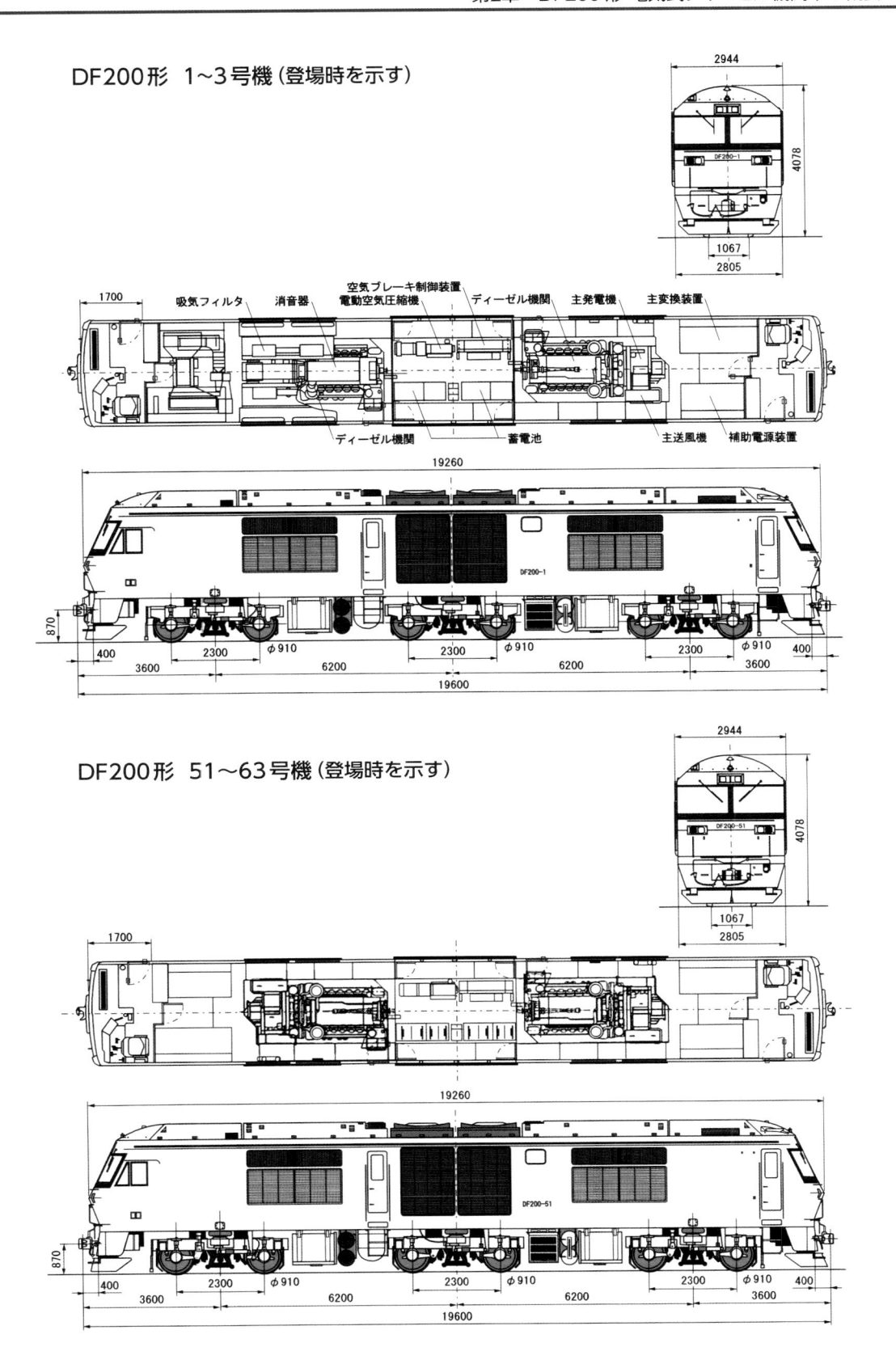

DF200形　51〜63号機（登場時を示す）

DF200形 新製・転属・改造などの履歴 (2024.7.1 現在)

機号	発注区分（年度）	新製年月日	配置機関区	転属年月	転属機関区	改造・転属年月	改番機号	転属機関区	全検年月		廃車年月	JRFロゴ
901	H 4 (1992)	1992. 9. 2	鷲 別	2014. 8	五稜郭				2	2009. 3	2023. 3	
1		1994. 9.22	鷲 別	2014. 8	五稜郭				3	2018.11		
2	H 6 (1994)	1994.10. 9	鷲 別	2014. 8	五稜郭				3	2019. 2		
3		1994.10.15	鷲 別	2014. 8	五稜郭				3	2018. 4		
4		1996. 3.22	鷲 別	2014. 8	五稜郭				3	2018.10		
5	H 7 (1995)	1996. 3.29	鷲 別	2014. 8	五稜郭				3	2019. 9		
6		1996. 4.12	鷲 別	2014. 8	五稜郭				3	2019.12		
7		1997. 2.18	鷲 別	2014. 8	五稜郭				3	2020. 8		
8	H 8 (1996)	1997. 2.28	鷲 別	2014. 8	五稜郭				3	2021. 8		
9		1997. 3.29	鷲 別	2014. 8	五稜郭				3	2020. 7		
10		1998. 4.17	鷲 別	2014. 8	五稜郭				3	2024. 3		
11	H 9 (1997)	1998. 3.17	鷲 別	2014. 8	五稜郭				3	2021. 6		
12		1998. 3.28	鷲 別	2014. 8	五稜郭				3	2022. 8		
51		1999.12.20	鷲 別	2014. 8	五稜郭				3	2024. 6		
52	H11 (1999)	2000. 1.16	鷲 別	2014. 8	五稜郭				3	2024. 2		
53		2000. 2. 1	鷲 別	2014. 8	五稜郭				3	入 場 中		※1
54		2001. 1.16	鷲 別	2014. 8	五稜郭				2	2016. 3		※2あり
55	H12 (2000)	2001. 2. 1	鷲 別	2014. 8	五稜郭				2	2017. 6		
56		2001. 2.14	鷲 別							1	2007. 9	2012. 2	※3
57		2001.10.30	鷲 別	2014. 8	五稜郭				2	2017.11		
58	H13 (2001)	2001.11.14	鷲 別	2014. 8	五稜郭				2	2018. 5		
59		2002. 1. 2	鷲 別	2014. 8	五稜郭				2	2018. 8		
60	H14 (2002)	2003. 1.12	鷲 別	2014. 8	五稜郭				2	2018.10		
61		2003. 1.27	鷲 別	2014. 8	五稜郭				2	2019. 3		
62	H15 (2003)	2003.12.21	鷲 別	2014. 8	五稜郭				2	2020. 2		
63		2004. 1.18	鷲 別	2014. 8	五稜郭				2	2020. 3		
101		2005. 8. 2	鷲 別	2014. 8	五稜郭	2020. 4	201	愛 知	2	2022.12		※4
102	H17 (2005)	2005. 9.17	鷲 別	2014. 8	五稜郭				2	2023.10		あり
103		2006. 3.24	鷲 別	2014. 8	五稜郭				2	2023. 2		※5
104		2006. 4.11	鷲 別	2014. 8	五稜郭				2	2022.12		※6
105	H18 (2006)	2007. 2.13	鷲 別	2014. 8	五稜郭	2019. 4	205	愛 知	1	2019. 7		
106		2007. 3. 2	鷲 別	2014. 8	五稜郭	2019. 6	206	愛 知	1	2016.12		あり
107		2008. 2.20	鷲 別	2014. 8	五稜郭	2020. 6	207	愛 知	1	2017. 9		※7
108	H19 (2007)	2008. 3.11	鷲 別	2014. 8	五稜郭				1	2016. 9		あり
109		2008. 3.27	鷲 別	2014. 8	五稜郭				1	2016. 6		あり
110		2008. 3.31	鷲 別	2014. 8	五稜郭				1	2017. 2		あり
111		2008. 8.22	鷲 別	2014. 8	五稜郭				1	2017.12		
112	H20 (2008)	2008. 9. 9	鷲 別	2014. 8	五稜郭				1	2018. 1		
113		2008.10. 1	鷲 別	2014. 8	五稜郭				1	2017.10		※6
114		2009. 3.16	鷲 別	2014. 8	五稜郭				1	2018. 2		
115		2009. 4.22	鷲 別	2014. 8	五稜郭				1	2018. 6		
116		2009. 5.15	鷲 別	2014. 8	五稜郭	2017.12	216	愛 知	1	2020. 3		
117	H21 (2009)	2010. 2.16	鷲 別	2014. 8	五稜郭				1	2019. 3		
118		2010. 3. 9	鷲 別	2014. 8	五稜郭				1	2020. 1		
119		2010. 3.30	鷲 別	2014. 8	五稜郭				1	2019. 6		
120	H22 (2010)	2010. 4.15	鷲 別	2014. 8	五稜郭	2018. 2	220	愛 知	1	2021. 2		
121		2010. 4.20	鷲 別	2014. 8	五稜郭				1	2019.10		
122	H23 (2011)	2011.11.24	鷲 別	2014. 8	五稜郭	2018. 6	222	愛 知	1	2022. 3		
123		2011.11.28	鷲 別	2014. 8	五稜郭	2016. 7	223	愛 知	1	2024. 2		
7000		2013. 7.12	大 分						1	2021. 9		※8

鷲別機関区は2014年8月30日付で廃止されたため、配置全機が五稜郭機関区へ転属
※1 53号機は2024.6に3回目の全検のため苗穂所へ入場（2回目全検は2015.10）
※2 54号機のJRFロゴは片側（非公式側）は無し
※3 56号機は東追分信号場付近の脱線事故で廃車
※4 201(旧101)号機は2023.1にラッピング施工「アイミー」に　2023.10に前照灯をLED化
※5 103号機は試工の鹿対策スピーカー撤去（2023.2）
※6 104号機・113号機は鹿対策スピーカー設置
※7 207(旧107)号機は2024.3に「ウルフドッグス名古屋」のラッピング施工
※8 7000号機はJR九州所属　他のDF200形はJR貨物所属
●発注区分のHは平成を示す
●全検日の前の数字は全検施工回数を示す　1＝1回目　2＝2回目　3＝3回目

DF200形関連略史（特記以外はJR貨物の動向）

協力：奥野和弘

1992年（平成4）3月	DF200形の試作機901号機を川崎重工業で新製、エンジンはドイツMTU製
1992年（平成4）4月9日	札幌機関区でDF200-901の導入式を挙行
1992年（平成4）4月22日	DF200-901の公式試運転、性能試験を実施。～5月中旬、7月下旬～8月下旬
1992年（平成4）9月2日	DF200-901が正式完成。鷲別機関区へ配置
1993年（平成5）1月19日	DF200-901が単機で時速110kmの高速試験を千歳～追分間で実施。21、22、24日にも行う
1993年（平成5）3月10日	DF200-901が東室蘭～札幌貨物ターミナル（札タ）間で1日1往復の定期運用開始
1994年（平成6）9月22日	基本0番代・量産先行機を新製。エンジンはドイツMTU製。第1陣は3両、DF200形1号機（DF200-1）を鷲別機関区に配置。2号機は10月9日、3号機は10月15日
1994年（平成6）12月3日	ダイヤ改正、量産先行機3両（1～3号機）が営業運転を開始。DF200形の運用範囲拡大、札タ～（千歳線～室蘭本線経由）～五稜郭間で運用開始
1996年（平成8）3・4月	基本0番代・量産機（以下、同）を3両増備（第2陣）、4～6号機
1997年（平成9）1月24日	石勝線経由で根室本線、帯広貨物までの入線試験を実施。1755レ（DF200-4+DD51 1086+DD51 1084）、9070レ（DF200-4+DD51 1166+DD51 1067）
1997年（平成9）2・3月	基本0番代を3両増備（第3陣）、7～9号機
1997年（平成9）3月22日	ダイヤ改正、札タ～帯広貨物間の高速貨物1往復がDF200形の牽引となる
1998年（平成10）3・4月	基本0番代3両増備（第4陣）、10～12号機。10号機のみ後に登場予定の改良型（50番代）の試験用に、国産コマツ製エンジンを搭載して新製、のちドイツMTU製に換装
1999年（平成11）12月20日	改良型50番代を新製。エンジンは国産コマツ製に変更。改良型第1陣のトップ51号機は同日、52号機は翌2000年1月、53号機は2月に登場
2000年（平成12）3月11日	ダイヤ改正、本輪西～札タ間に重量石油列車（タキ23両・1,380t）を新設、その一部をDF200形が牽引
2001年（平成13）1・2月	50番代を3両増備（第2陣）、54～56号機
2001年（平成13）10・11月、2002年（平成14）1月	50番代を3両増備（第3陣）、57～59号機
2002年（平成14）2月21日	JR貨物の函館本線、函館～五稜郭間の第2種鉄道事業廃止が認可される
2002年（平成14）3月23日	ダイヤ改正、DF200形による札幌貨物ターミナル（札タ）～（函館本線～宗谷本線経由）～北旭川間の牽引を開始

2003年（平成15）1月	50番代を2両増備（第4陣）、60・61号機
2003年（平成15）12月	50番代を2両増備（第5陣）、62・63号機（63号機は2004年1月）
2004年（平成16）10月16日	石北本線スイッチバック駅の遠軽で貨物機関車（DD51）の前後付替えを中止、プッシュプル方式に変更
2005年（平成17）8月2日	量産車の最高傑作、100番代を2両新製（第1陣）。エンジンは国産コマツ製だが電気機器にハイテク技術を採用。101号機は同日、102号機は9月17日に登場
2006年（平成18）3・4月	100番代を2両増備（第2陣）、103・104号機
2006年（平成18）5月1日	根室本線、帯広～釧路貨物（新富士）間でDF200形の運用を開始
2007年（平成19）2・3月	100番代を2両増備（第3陣）、105・106号機
2008年（平成20）2・3月	100番代を4両増備（第4陣）、107～110号機
2008年（平成20）3月15日	ダイヤ改正、高速石油列車運転開始。最高速度は時速75kmから95kmへ。道内はDF200形だと最大タキ23両編成に
2008年（平成20）8・9・10月	100番代を3両増備（第5陣）、111～113号機
2009年（平成21）3・4・5月	100番代を3両増備（第6陣）、114～116号機
2010年（平成22）2・3・4月	100番代を5両増備（第7陣）、117～121号機
2011年（平成23）11月	100番代を2両増備（第8陣）、122・123号機
2012年（平成24）2月16日	DF200形50番代56号機が石勝線、東追分（信）付近の脱線事故で大破。のち廃車
2013年（平成25）3月7日	石北本線、新旭川～北見間でDF200形の入線試験を実施。DF200形111号機＋コンテナ＋DD51形重連。常紋峠対応プッシュプル試験
2013年（平成25）4月27日、6月26日	石北本線でDF200形同士のプッシュプル試運転を実施
2013年（平成25）9月13日	JR九州がDF200形7000番代を報道公開。豪華寝台列車（クルーズトレイン）「ななつ星in九州」の牽引機。JR貨物DF200形100番代をベースに改良。10月15日から営業運転開始
2014年（平成26）4月19日	この日限りで石北本線の貨物列車（タマネギ列車）からDD51形が消える
2014年（平成26）5月29日	JX室蘭製油所の業務縮小で本輪西～札夕間で運転していた道内最後の石油列車がこの日限りで終了
2014年（平成26）8月4日	石北本線の貨物列車が正式にDF200形のプッシュプル運用となる
2014年（平成26）8月30日	鷲別機関区の廃止でDF200形は全機が五稜郭機関区へ転属
2014年（平成26）11月中旬	札幌貨物ターミナルにいた道内最後のDD51形1150号機が交番検査切れで運用を離脱。のち廃車解体
2015年（平成27）ごろ	試作機901号機が函館貨物駅の入換専用として活躍

2016年 (平成27) 6月5日	北海道新幹線開業後初めて、JR東日本E26系客車（旧カシオペア用）が団臨で道内へ乗り入れ。五稜郭以北はJR貨物のDF200形が牽引し、初日はDF200形116号機が活躍
2016年 (平成28) 8月5日	100番代の一部が川崎重工へ入場し騒音対策強化、保安装置の変更などを施工。新ナンバー200番代を冠し愛知機関区へ転属。トップは123号機改め223号機
2016年 (平成28) 9〜10月	稲沢〜（"稲沢線"〜関西本線）〜四日市間でDF200形の本線試運転を実施。DF200形223号機＋DD51形重連で、下りは三重連単機、上りはタキ（満タン）牽引
2017年 (平成29) 3月17日	ダイヤ改正、愛知機関区のDF200形に定期仕業を新設。稲沢〜塩浜間に2コースを設定したが、乗務員の習熟訓練の遅れでDD51形重連が代走
2017年 (平成29) 12月6日	116号機が200番代への改造を施し愛知機関区へ転属。216号機となる
2018年 (平成30) 1月21日	関西本線の"塩浜線"（非電化）、四日市〜塩浜間でDF200形の試運転を開始
2018年 (平成30) 2月1日	愛知機関区のDF200形が定期仕業を開始。トップは216号機から
2018年 (平成30) 2月6日	120号機が220号機となり愛知機関区へ転属
2018年 (平成30) 3月17日	ダイヤ改正、愛知機関区DF200形の定期仕業が5コースに増加。DD51形は6コース
2018年 (平成30) 6月〜2020年 (令和元) 6月	愛知機関区へ200番代を5両増備。2018年に222（旧122）号機、2019年に205（旧105）号機と206（旧106）号機、2020年に201（旧101）号機と207（旧107）号機
2019年 (平成31) 3月16日	ダイヤ改正、愛知機関区DF200形の定期仕業が6コース、DD51形は5コースに減る。機関車運用の都合でDD51形＋DF200形の定期変則重連が出現
2020年 (令和2) 3月14日	ダイヤ改正、愛知機関区DF200形の定期仕業は6コースだが、DD51形は4コース
2021年 (令和3) 3月13日	ダイヤ改正、愛知機関区配置でJR貨物最後のDD51形が定期運用から離脱。DF200形の定期仕業は10コースとなる。DD51形＋DF200形の定期変則重連は消滅し、DF200形清一色の定期重連に変更
2022年 (令和4) 3月12日	ダイヤ改正、愛知機関区DF200形の定期仕業が9コースに減る。DF200形清一色の定期重連が消える
2023年 (令和5) 1月16日	DF200形201号機に地域のラッピングを施した「アイミー」が登場。営業運転開始は1月23日
2023年 (令和5) 3月中旬	愛知機関区最後のDD51形1028、1801号機を廃車解体。JR貨物からDD51形が形式消滅
2023年 (令和5) 3月	五稜郭機関区配置で苗穂車両所に保管中だったDF200形の試作機、901号機が廃車に
2023年 (令和5) 10月14日	愛知機関区配置のDF200形201号機の前照灯がDF200形では初めてLED化
2024年 (令和6) 3月29日	愛知機関区DF200形207号機「ウルフドッグス名古屋」のラッピングをお披露目。4月1日から運用開始

DF200形 運用の概要

DF200形は、JR貨物が北海道の五稜郭機関区に39両、本州の愛知機関区に8両。JR九州が大分車両センターに1両配置している。2024年（平成6）3月改正時点での定期仕業使用両数は、五稜郭機関区が26両（ほかに波動輸送用予備7両、検修6両あり）、愛知機関区が6両（ほかに検修等予備2両あり）。大分車両センターは予備機なしの1両配置だが、臨時旅客列車牽引用のため、同機の入場時はDE10形の重連が応援に就くこともある。以下、DF200形の運用について、現行ダイヤでの概要をまとめてみた。

■ JR貨物・五稜郭機関区配置車

五稜郭機関区配置車は0・50・100番代の合計39両が共通運用され、道内主要路線で活躍中。量産車の登場当初は、函館本線〜室蘭本線〜千歳線の五稜郭〜札幌貨物ターミナル間、千歳線〜石勝線〜根室本線の札幌貨物ターミナル〜帯広貨物駅間、苗穂車両所への入出場で札幌貨物ターミナルから函館本線の苗穂まで。その後、増備が進むと根室本線は釧路貨物駅（JR北海道、新富士駅と併設）まで延長され、

厳寒期、北海道の物流事業は鉄道貨物が主役。凍結し白銀の世界と化した小沼湖をバックにDF200形が牽く上り貨物が疾駆する
函館本線 大沼〜仁山 令和5年12月22日

函館本線〜宗谷本線の札幌貨物ターミナル〜北旭川駅間にも運用範囲を拡大した。そして、2013年度にJR貨物のDD51形は北海道での定期運用を終了。道内貨物は原則、DF200形の牽引となった。

一方、それまで軸重の都合で入線してなかった石北本線へは、2013年（平成25）3月7日から入線試験を実施。初日は本務機（前）がDF200-111、後部補機はDD51形のプッシュプル三重連。4月27日と6月26日にはDF200形同士のプッシュプル試験を実施。そして、北見地区の農産物をトラックと分担して運ぶ臨時貨物「石北貨物」の牽引にDF200形の導入が決定し、2014年8月4日から北旭川（新旭川）〜北見間に同機のプッシュプル運用ができた。ちなみに、石北本線の貨物列車がプッシュプル重連で運転される理由は、途中のスイッチバック駅＝遠軽での機回し解消、25‰の急勾配が続く常紋峠（生田原〜金華＜信＞間）での後押しのためだ。その"タマネギ列車"こと「石北貨物」は例年8月〜翌年4月ごろに1日3往復が設定され、運行するのは1日1往復が基本のようだ。

根室本線の滝川〜富良野間で農産物などを輸送する臨時貨物「富良野貨物」は、地元の小学生からの公募で"ふらのベジタ号"の愛称が付き、晩夏〜春に1日1往復の運行を基本とする。「石北貨物」と同様、道路事情が悪くなる冬場の物流事情を支えるのが使命だ。

このほか、DF200形は甲種車両輸送などで、根室本線の新富士〜釧路間、函館本線の五稜郭〜函館間にも顔を出すことがある。

なお、試作機の901号機は、量産機0番代以降と機器の構造や配置が異なる部分があり、乗務員の手惑いを考慮し、量産機の増備後は2015年ごろから函館貨物駅（JR北海道、五稜郭駅に隣接）での構内入換作業に従事していた。しかし、故障時の部品確保に時間を要し、休車になることも多かった。そして、2020年（令和2）1月15日に苗穂車両所へ入場後は動きがなく、長らく同所で保管されていたが、2023年3月に廃車となった。

■ JR貨物・愛知機関区配置車

愛知機関区の8両は、ラッピングが施され

た201号機、207号機も含め、共通運用されている。運用区間は、東海道本線の"稲沢線"こと稲沢〜名古屋間、関西本線の名古屋〜四日市間、同塩浜支線の"塩浜線"こと四日市〜塩浜間、名古屋臨海高速鉄道"あおなみ線"の笹島（信）〜名古屋貨物ターミナル間である。なお、名古屋〜笹島間は"あおなみ線"を走るが、JR東海は同区間を"稲沢線"を含め名古屋駅の構内と扱っており、同駅付近は両社の重複区間となっている。

一方、四日市駅構内側線の通称"四日市港線"は、日本最古の現役可動橋でもある「末広橋梁」を渡る。ここの通過は軸重の都合で懸念されていたが、2018年度より試運転を開始。一部の施設などを改良し、2019年（平成31）3月16日のダイヤ改正からDD51形に代わり、DF200形が三岐鉄道三岐線から直通するセメント輸送専用列車を牽引するようになった。

■ JR九州・大分車両センター配置車

大分のDF2007000は、臨時列車として九州内の主要路線を「ななつ星in九州」を牽引している。運行コースは原則、博多発着が基本で、火曜〜金曜の3泊4日、土曜〜日曜の1泊2日が多いようだ。

運行日とコースは、月刊『鉄道ダイヤ情報』（交通新聞社刊）の団体臨時列車運転予定表、77系寝台車 クルーズトレイン「ななつ星in九州」などで確認されたい。

名駅摩天楼をバックにレトロな跨線陸橋「向野橋」を潜るDF200形。名古屋車両区の新しい住人HC85系とのツーショット　"あおなみ線"笹島（信）　令和4年6月29日

五稜郭機関区配置車

JR貨物　五稜郭機関区
DF200形0・50・100番代の
定期運用範囲

石北本線　新旭川−北見間と
根室本線　滝川−富良野間は
季節臨時列車として運用

札幌貨物ターミナル
−苗穂間の運用は苗
穂工場への入出場の
ための運用

五稜郭機関区DF200形の運用範囲
その他の主要路線
● 運用上の始発・終着駅
○ 主要駅・経路分岐駅
■ 所属機関区所在地

網走　遠軽　石北本線　北旭川　旭川　新旭川　宗谷本線　函館本線　滝川　根室本線　富良野線　富良野　帯広　釧路貨物　釧路　釧網本線　北見　根室本線　帯広貨物

札幌貨物ターミナル　苗穂　札幌　千歳線　岩見沢　追分　南千歳　室蘭本線　苫小牧貨物　石勝線

長万部　東室蘭操車場　室蘭　函館本線　新函館北斗　五稜郭機関区　函館貨物（運用は五稜郭入換）　道南いさりび鉄道　五稜郭　函館　木古内　北海道新幹線

黄金色に染まった銀杏、う
っすらと積雪した山並みが
コラボした晩秋の富良野駅
界隈。同駅構内で入換え中
のDF200-112（五）　令和
5年11月15日

愛知機関区配置車

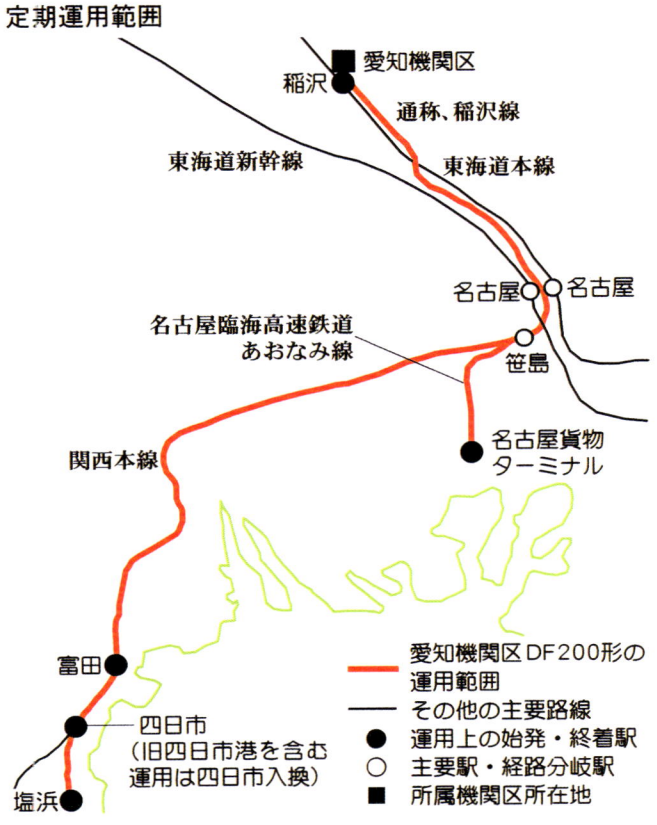

JR貨物　愛知機関区 DF200形200番代の
定期運用範囲

愛知機関区
稲沢
通称、稲沢線
東海道新幹線
東海道本線
名古屋　名古屋
名古屋臨海高速鉄道
あおなみ線
笹島
名古屋貨物
ターミナル
関西本線

愛知機関区 DF200形の
運用範囲
その他の主要路線
● 運用上の始発・終着駅
○ 主要駅・経路分岐駅
■ 所属機関区所在地

富田
四日市
（旧四日市港を含む
運用は四日市入換）
塩浜

冬本番、三重県の北勢地域は雪雲の通り道。揖斐・長良川橋梁を渡り雪化粧した築堤を駆け下りるDF200形牽引の上りタンカー　桑名〜長島　令和4年1月25日

大分車両センター配置車

JR九州　大分車両センター
DF200形7000番代の主要運用範囲

- 山陽本線
- 篠栗線
- 博多
- 筑肥線
- 小倉
- 日豊本線
- 筑豊本線
- 唐津線
- 鳥栖
- 由布院
- 大分
- 武雄温泉
- 佐世保線
- 江北
- 久留米
- 久大本線
- 大分車両センター
- 早岐
- 大村線
- 九州新幹線
- 豊肥本線
- 長崎本線
- 日豊本線
- 長崎
- 諫早
- 熊本
- 三角線
- 鹿児島本線
- 西九州新幹線
- 八代
- 肥薩おれんじ鉄道
- 吉松
- 吉都線
- 宮崎
- 川内
- 肥薩線
- 鹿児島本線
- 都城
- 鹿児島中央
- 日南線
- 指宿枕崎線

━━━ 大分車両センターDF200形の
　　 主要運用範囲（回送区間を除く）
─── その他の主要路線
● 定期運用上の主要駅・経路分岐駅
■ 所属車両センター所在地

大分駅で機回し連結作業中の
DF200形7000号機。前面
には金色のグリルを配し、前
照灯は基本4灯のほかオデコ
中央に補助灯1灯も付き合計
5灯を装備　日豊本線　大分
令和6年1月7日

Column

夏場はトラック便のみを運行する「石北貨物」・「富良野貨物」
石北本線と根室本線（滝川～富良野）、貨物列車の特殊事情

　石北本線の貨物列車は、北見地方特産のタマネギなどを運ぶ季節列車。北旭川～北見間に3往復（2往復は札幌貨物ターミナル直通）の臨時高速貨物の設定はあるが、運行は収穫期間の晩夏から春まで。ピーク期の上りはコンテナ満載のコキを11両編成で運行することもあるが、基本は1日1往復。農産物の輸送がメインだが、道路事情が悪化する冬季の生活物資の物流を考慮し厳寒期も走る。下り北見着貨物は、北見市内の水銀回収リサイクル施設へ、全国から集まる廃乾電池や廃蛍光灯の輸送を担う。

　ところで、石北本線には高規格道路の旭川紋別自動車道（国道450号・通行無料）や整備された国道が並行。旅客・貨物とも大半がクルマにシフトしたが、貨物列車は遠軽駅のスイッチバック、常紋峠と北見峠の急勾配対策のため、機関車はDF200形を前後に連結したプッシュプル方式で運行。しかし、1列車で2両の機関車を使うので経費がかかり、JR貨物は、北見～北旭川間に通年運行のトラック便を1日に上り6本、下り3本設定。タマネギ輸送も鉄道のほかトラック便が補完し、夏場はトラック便のみを運行している。

　根室本線「富良野貨物」の鉄道便も効率化のため夏場は運休する。札幌貨物ターミナル～富良野（滝川経由）間の貨物列車は晩夏から春に運行し、臨時高速貨物2往復の設定はあるが運行は1日1往復が基本。トラック便は通年運行で、上り1本・下り2本の設定だ。

石北本線の「石北貨物」下りは空コキが目立つ。廃乾電池・廃蛍光灯を輸送するDF200形プッシュプル方式の下り北見行き臨時高速貨物　安足間～上川　令和5年4月10日〈J〉

根室本線の滝川方、「富良野貨物」はトラック便を通年運行している。富良野駅のコンテナホームでトレーラーに荷役中の光景　令和5年11月16日

DF200形が牽引した
名列車＆珍列車

　DF200形の"本業"は貨物列車の牽引だが、鉄道会社や車両メーカーからの依頼を受け、甲種回送こと機関車が当該車両を運ぶ「甲種鉄道車両輸送」で、旅客用の気動車や電車（含む新車）、勇退した旅客用の機関車や気動車などを牽引している。また、諸般の事情で臨時団体旅客列車を牽引したこともある。本章ではそのユニークな列車の中から、話題性のある名列車・珍列車をまとめてみた。

■「カシオペア」を牽引したDF200形

　JR東日本のE26系客車による豪華寝台特急「カ

シオペア」（上野〜札幌）は、北海道新幹線開業前の2016年（平成28）3月21日朝の上野着をもって一般営業を終了した。しかし、同年6月4日の上野発からは、旅行会社による募集型企画旅行のツアー専用臨時列車として運転され、既設実績のある「カシオペアクルーズ」、新商品「カシオペア紀行」として、翌2017年2月26日の札幌発まで北海道へ乗り入れていた。

　旅行内容やコースは旅行会社により異なったが、注目されたのは2016年3月26日の北海道新幹線新函館北斗開業後、在来線の旅客列車の運行をやめた旧津軽海峡線の青函トンネルを含む新在共用、三線

五稜郭機関区のDF200形120号機が牽くE26系客車による臨時団体旅客列車「カシオペアクルーズ」。
同機は現在、220号機に改番され愛知機関区所属　千歳線 上野幌〜西の里（信）平成28年6月12日

軌条区間を走行したことである。津軽線～海峡線～道南いさりび鉄道の青森～五稜郭間の牽引は、JR貨物の協力により複電圧機EH800形電気機関車を借用。道内の五稜郭以北はJR北海道のDD51形が勇退したため、JR貨物からDF200形電気式ディーゼル機関車を借用した。両機はJR貨物の五稜郭機関区所属、通常は貨物列車のみを牽引しているが、わずかな期間ながら、貨物機がニコニコ顔で先頭に立つ栄えある勇姿は迫力があった。なお、ハンドルは両機ともJR北海道の乗務員が握っている。

ツアー専用「カシオペア」での北海道乗り入れ再開に際しては、JR北海道の乗務員による機関車ハンドル訓練のほか、26系客車を連ねての本格的な試運転を2016年5月に実施した。

本番運転では120号機も活躍したが、同機は現在、200番代に改造され220号機として愛知機関区にいる。まさか名古屋へ移住し"四日市貨物"を牽引するとは想定もしてなかった。名古屋人の筆者が同機を見ると往時を彷彿し、最も愛着のあるカマでもある。

北海道新幹線の高架をバックに函館本線の勾配緩和線、藤城線を快走するDF200形牽引の「カシオペアクルーズ」　七飯～大沼　平成28年6月5日　写真：奥野和弘

DF200形が牽くクルーズ列車と貨物列車の交換。左は小休中のDF200-53牽引の下り「カシオペアペアクルーズ」、右はDF200-110牽引の上り貨物　函館本線　大沼　平成28年7月3日

大沼国定公園の小沼湖畔を快走するDF200-53牽引のE26系「カシオペアクルーズ」　函館本線（藤城線）七飯～大沼　平成28年7月3日

貨物機のDF200形だが、豪華E26系客車を牽く"特別公演"ではJRFのロゴも輝いた　函館本線　大沼　平成28年7月3日

「カシオペア」の青函間はEH800形が牽引

　青函トンネルを介し本州と北海道を結んでいるのがJR北海道の海峡線（中小国〜木古内87.8㎞）。このうち、新中小国（信）〜木古内間は北海道新幹線と在来線が線路を共用する三線軌条で、電化方式は新幹線に合わせ交流25,000Vとなっている。海峡線を走る列車は原則、旅客は新幹線、在来線は貨物列車のみ。貨物列車は本州側がJR東日本の津軽線、北海道側は道南いさりび鉄道へ直通し、この両側、在来線区間の電化方式は交流20,000Vである。そのため、貨物列車を牽引する機関車は、新幹線区間にも対応可能な複電圧装置を備えたJR貨物のEH800形が使用されている。

　北海道新幹線開業後、海峡線を走ったツアー専用「カシオペア」のE26系客車もEH800形が牽引したが、同機は動輪8軸の「H」形で、8軸機関車による旅客列車牽引は国鉄時代を通じても珍事だった。E26系客車による北海道乗り入れは終了したが、後任は青函トンネルや北海道内も多くの路線を自力走行が可能な「TRAIN　SUITE四季島」が継承。EH800形が牽く「カシオペア」は貴重なメモリアルとなったのである。

新幹線が走る交流25,000V電化、新在共
用三線軌条区間を走るEH800-9牽引の下
り「カシオペアクルーズ」
海峡線 湯の里知内（信）〜木古内

道南いさりび鉄道の札苅駅を
通過する同列車
平成28年7月3日（2枚共）

■ 勇退したブルトレ塗装のDD51形
"8重連"を牽引したDF200形

2016年（平成28）3月26日の北海道新幹線新函館北斗開業で、本州と北海道を結んでいだ寝台特急「北斗星」（上野〜札幌）、「トワイライト エクスプレス」（大阪〜札幌）、夜行急行「はまなす」（青森〜札幌）は廃止されたが、それらを牽引していたJR北海道の青いブルートレイン塗装のDD51形（函）は勇退し、全車運用を離脱。同年7月には最後まで残っていた8両も住み慣れた函館運転所を後にし、のち廃車となった。

同年7月3日に函館本線の函館から室蘭本線の貨物駅＝陣屋町まで運行された甲種回送では、DF200形63号機が青いDD51形の"8重連"（無動）を牽引。前代未聞の珍列車の運行は話題となったが、かつての覇者の最期を記録する撮影者らの心は複雑だった。

■ DF200形は自衛隊車両の輸送も担う

演習などで使用するため、自衛隊の車両を移送する臨時貨物列車が走ることがある。北海道内はDF200形が牽引し、本州方面へ運ぶ場合は一般の貨物列車と同様、函館貨物（五稜郭）でEH800形にリレーし青函トンネルを潜る。ダイヤは公表されないが、撮影場所に突如現れたらその日は「吉」。落ち着いてシャッターをきろう。

勇退したJR北海道の青いDD51形"8重連"を牽引するDF200-63　函館本線（藤城線）七飯〜大沼　平成28年7月3日

DF200-63に牽かれ走り慣れた鉄路を陣屋町に向かうDD51形ご一行　函館本線 森〜桂川（桂川駅は現在廃止）　平成28年7月3日

自衛隊車両を移送する臨時貨物列車を牽引するDF200-121。この列車は本州方面へ向かったようだ　室蘭本線 長和〜有珠　平成23年10月31日　写真：奥野和弘

■ DF200形が牽く コンゴ、カンボジア行きキハ183系

2023年（令和5）春に勇退したJR北海道のキハ183系は、苗穂運転所に20両が留置されていたが、海外輸出を前提に、うち18両と予備パーツが東京の商社「ウエストコーポレーション」へ譲渡された。

船積みは函館港で行うため、2023年7月4〜5日と5〜6日の2回、JR貨物のDF200形の牽引で五稜郭への甲種輸送を実施。両日とも各9両が千歳線〜室蘭本線（長万部）〜函館本線を経由、五稜郭からは進行方向を変え、埠頭通路線を通り函館貨物駅へ。到着後は即日、港町ふ頭へ移送。同年9月2日には、第1陣として7両の船積み作業が行われ、翌3日に出港した。

公表された第1陣7両の輸出先は当初、アフリカ西海岸の国、シエラレオネ共和国の民間鉄道会社だったが、同国の事情で急遽キャンセルとなり、一旦ドバイで陸揚げ。その後、アフリカ中部のコンゴ民主共和国の交通公社「オナトラ」への売却が決まり、2023年12 月13日に同国コンゴ川左岸の港町でバ・コンゴ州の州都、マタディ港に回着した。陸揚げの時、車体は同国の国旗を模した新塗装（青の地色に黄色、赤帯）に変わっており、再整備の後、首都キンシャサとマタディを結ぶマタディ・キンシャサ鉄道で使用されるという。

一方、残り11両は東南アジアの国、カンボジアのロイヤル鉄道へ売却されることになり、2024年（令和6）4月15日に函館港を出港した。こちらは首都プノンペンとタイ国境近くを結ぶ観光列車に使用されるとのことだ。

DF200-104（五）が牽くキハ183系の1回目の甲種輸送は、ハイデッカーグリーン車2両（キロ182-7553＋キロ182-7552）を含む9両　千歳線 北広島〜島松　令和5年7月4日　写真：奥野満希子

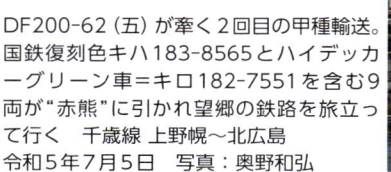

DF200-62 (五) が牽く2回目の甲種輸送。国鉄復刻色キハ183-8565とハイデッカーグリーン車＝キロ182-7551を含む9両が"赤熊"に引かれ望郷の鉄路を旅立って行く　千歳線 上野幌〜北広島　令和5年7月5日　写真：奥野和弘

〈海外輸出されたキハ183系の車号〉

●＝コンゴ、○＝カンボジア

「先頭車」キハ183形

（復）＝復刻塗装の先頭車

（拡）＝元「サロベツ」用シートピッチ拡大車

○1503（拡）、○1555、○4558、○4559、●8564、
●8565（復）、●8566、○9561、●9562

「中間車」キハ182形

○502（拡）、○508、●7551、●7554、○7557、
○7561

「グリーン車」キロ182形（ハイデッカー）

●7551、○7552、○7553

函館港の港町ふ頭で船積みを待つキハ183系の一行　令和5年8月21日（2枚共）

Column

"かぶりつき展望席"があった183系後期車
特別編成の「キハ183系オホーツク」で有終の美を飾る

　キハ183系は定期運用離脱後、往時の各路線で勇退記念のラストラン運転を実施したが、その大トリは函館・石北本線の臨時特急「キハ183系オホーツク」（札幌〜網走）で、下りは2023年（令和5）4月9日、上りは翌10日に運行した（なお、"かぶりつき展望席"の詳細はNFT付録を参照ください）。

　編成は札幌方から⑤キハ183-1555＋［増22］キハ182-508＋［増21］キハ182-7554＋④キロ182-7553＋③キロ182-7551＋②キロ182-504＋①キハ183-8565（遠軽〜網走間は逆編成）。ハイデッカーグリーン車3両（2〜4号車）を組み込み普通車も2両増結の7連とし、1・2号車は登場時の復刻色。下り・上りとも遠軽まで復刻色先頭車が前頭を飾り、30数年の歴史に終止符を打った。

国鉄復刻色2両が前部を飾った下り「キハ183系オホーツク」。最後の舞台をたたえ特別編成の7連で特別感を演出した　石北本線 伊香牛〜愛別　令和5年4月9日〈J〉

「キハ183系オホーツク」は国鉄復刻色を含むハイデッカーグリーン車3両を組み込んだ豪華編成。特急「大雪」キハ283系との交換　石北本線 中越（信）　令和5年4月9日〈J〉

JR貨物 DF200形の
車両基地と関連の駅

五稜郭・函館貨物　函館本線　道南いさりび鉄道
港湾都市、函館の鉄道貨物の拠点
（コンテナ取扱駅・車扱貨物臨時取扱駅）

五稜郭駅と同居する函館貨物駅は道内貨物輸送の要衝。本州直通列車は同駅で機関車を付け替える。青函用
EH800形に見送られ、DF200-117牽引の下り貨物が発車　令和5年12月21日

モダンな新駅舎を構える函館駅。特急の発着は札幌を結ぶ「北斗」のみだが、道南いさりび鉄道と新幹線連絡も担う近郊列車のターミナルとして躍進中　令和5年4月29日

函館駅近くの旧函館第二岸壁に繋留・保存されている函館市青函連絡船記念館「摩周丸」。国鉄〜JRの青函航路は1988年3月13日をもって運航を終了　令和4年5月26日

五稜郭の駅名は特別史跡「五稜郭」の鉄道最寄駅であることが由来。現在はJR函館本線と道南いさりび鉄道の共同使用駅となっている　令和5年4月28日

五稜郭駅の駅名の由来となった「五稜郭」。春は星型要塞を桜が彩り、五稜郭タワーから眺める極上の美景は函館観光の超目玉　令和5年4月28日

函館港有川埠頭にある貨物事務室。函館貨物駅の駅舎でJR貨物の函館営業所だ　令和5年4月27日

入換用のコキ3両を牽くDF200-6が埠頭通路線を通り有川埠頭の荷役施設へ向かう　函館貨物駅　令和5年12月21日

　函館は北海道と本州を結ぶ交通の結節点。函館市は道内3位の人口を有する港湾都市で、函館港は1858年（安政5）に日本最初の国際貿易港として開港した。近年ではJR北海道で勇退したキハ183系が中央アフリカのコンゴと東南アジアのカンボジアに輸出され、有川埠頭から出港し話題となった。

　函館市内には鉄道のターミナルが二つある。一つは道南地域の旅客鉄道の玄関＝JR北海道の函館駅、もう一つは同社の五稜郭駅と同居する鉄道貨物の拠点＝JR貨物の函館貨物駅である。

　ちなみに、JR貨物は2002年（平成14）4月1日、函館〜五稜郭間の第二種鉄道事業を廃止しており、

特例を除き函館駅に貨物列車は乗り入れていない。そのため、通常は同駅でDF200形は見られない。

　函館駅は函館本線の起点で頭端式ホーム、この配線は青函連絡船と接続していた往時を偲ぶ名残り。北海道新幹線の新函館北斗開業後の優等列車は、札幌を結ぶ道内特急「北斗」だけで、新幹線シャトルは近郊電車の「はこだてライナー」が担う。

　五稜郭は函館の次の駅で、道南いさりび鉄道が分岐しJRとの共同使用駅だ。界隈は函館市の新市街として発展、特急・快速は全列車が停車する。駅名の由来は江戸時代末期の星型要塞、稜堡式城郭の特別史跡「五稜郭」から。

　五稜郭駅に同居するJR貨物の駅は施設が2カ所に分かれ、2011年（平成23）3月12日の客貨分離で、貨物施設の総称を「函館貨物駅」に改称。しかし、運転業務を担う輸送本部は旅客駅に併設され、道内各線で貨物列車を牽引するDF200形の運用は五稜郭が起終点である。

　なお、青函トンネルを通過する本州直通列車は電気機関車EH800形が牽引し、五稜郭は両機を付け替えする重要拠点となっている。

　函館貨物駅の駅舎やコンテナ荷役ホームなどは五稜郭駅の西方、貨物専用で非電化の埠頭通路線2.1kmを介した函館港の有川埠頭にある。ここには3面6線のコンテナホーム、仕分け線や留置線が各数本あり、構内入換はDF200形の仕業コースに組み込まれている。

"本家"DF200形の砦
JR貨物 五稜郭機関区

道内主要路線を東奔西走するDF200形の砦は函館市の五稜郭機関区。JR北海道と道南いさりび鉄道の五稜郭駅の北側（長万部方）、函館本線の上下本線に挟まれた格好の位置に同機関区はある。JR貨物北海道支社管内の車両基地で、乗務員基地も併設している。

五稜郭機関区はDL基地とEL基地に分かれ、配置車両はDL基地がディーゼル機関車DF200形39両、EL基地は電気機関車EH800形20両の合計59両。両形式とも4年ごと、または走行距離60万キロ以内に定期的に行う重要部検査（要検）も施工する。

ちなみに、DL基地は国鉄から貨物用機関車を引き継いだJR貨物の発足当初からのものだが、EL基地は2016年（平成28）3月26日のJR北海道函館運輸所青函派出所の廃止で、同所の施設と検査設備がJR貨物の五稜郭機関区へ移管され、同経緯にて現在に至る。

DL基地は検修庫3棟（1〜4・6番線）、留置線8線で、1〜4番線には給油設備を設置。EL基地は検修線3線、電留線6線、車輪旋盤線、下り引上げ線、機回り線で構成され、構内は交流20,000V50Hzで電化されている。なお、配置車両のEH800形は青函トンネルを介し北海道新幹線との新在共用区間（3線軌条）を走る複電圧機のため、検修線4番は庫内で新幹線と同じ交流25,000V50Hzの通電が切替可能となっている。

五稜郭機関区は五稜郭駅の北側、函館本線の上下本線に挟まれた格好に位置する。同上り線側から見た同区。DF200形の各番代がいる　令和5年4月28日

　ところで、五稜郭機関区は1999年（平成11）4月1日からDL全機が鷲別機関区へ転出し、ELのみ配置となった時代がある。しかし、同区のEL検査と留置は1989年（平成元）のED79形の配置まで遡り、前述の青函派出所へ委託していた。その後、青函用複電圧機EH800形の導入に際し、2013年（平成25）11月には青函派出所を含む構内を改良。この時、DL基地の転車台を撤去し1号車庫を新設。しかし、2014年（平成26）8月30日の鷲別機関区の廃止で、道内貨物用DL全機が入換用を除き五稜郭機関区へ転入。再びDL・EL配置の道内唯一、本線用機関車が集結する総合機関区になった。

五稜郭機関区DL基地で憩う"赤熊"DF200形たち　令和5年4月28日

五稜郭機関区正門　令和5年4月28日

道南いさりび鉄道を走るEH800形牽引の本州からの下り高速貨物。GWごろの木古内〜札苅間では個人宅の庭園、札刈村上芝桜園とコラボする姿が見もの　令和5年4月29日

"本家"DF200形の砦、五稜郭機関区。東隣の線路は函館本線の上り線。同区で憩う"赤熊"達を眺めながら走るキハ261系の特急「北斗」　桔梗〜五稜郭　令和5年4月28日

五稜郭機関区EL基地に配置のEH800形は青函間で活躍。青函トンネル本州側坑口を出てきたEH800形牽引の上り高速貨物　木古内〜新中小国（信）　平成28年3月16日

苗穂　函館本線

彗星の如く現れる"赤熊"DF200形

（車扱貨物臨時取扱駅）

　北の都＝札幌市の玄関は札幌駅。北海道新幹線の乗り入れ工事が本格化し、界隈は日々、様相が変わりつつある。一方、札幌市内の鉄道貨物の拠点は、千歳線の平和駅南側に広がる札幌貨物ターミナル駅。貨物列車は同駅発着で、函館本線北部へは厚別通路線、千歳線へは千歳通路線を経由する。ちなみに、函館本線の札幌・小樽方面へは貨物列車の設定がなく、札幌駅では原則、"赤熊"は見られない。

　ところで、函館本線の白石〜苗穂間では彗星の如く"赤熊"が現れる。苗穂駅に隣接するJR北海道の苗穂工場、そこに併設するJR貨物の苗穂車両所、JR北海道の苗穂運転所へ入出場する車両は原則、DF200形が牽引する。

　注目は苗穂車両所へのDF200形の全検入出場で、彼の地の愛知機関区へ嫁いだ仲間も里帰りし、札幌機関区発着でDF200形が無動力の同形入出場機を牽引する。

　ちなみに、この"重連単機回送"が走る日は非公開だが、偶然キャッチできたら、その日は「大吉」であろう。

JR北海道の苗穂運転所から"コンゴ・カンボジア行き"キハ183系を引き出すDF200-104　令和5年7月4日　写真：奥野和弘

都会的センスの苗穂駅（北口）。札幌市「苗穂駅周辺地区まちづくり事業」で2018年に札幌方へ約300m移転。南北自由通路を設け橋上駅舎化し北口も新設　令和5年11月15日

DF200形などの全検を施工する苗穂車両所は国鉄時代からの工場。歴史を物語る煉瓦造りの建屋も現役　令和5年11月15日

■ JR貨物　苗穂車両所

機関車の配置は札幌貨物ターミナル駅の入換用ハイブリッド機、HD300形4両（500番代3両、0番代1両）のみ。メイン業務はJR貨物保有のDF200形全機と、同社北海道支社管内配置のディーゼル機関車の全般検査（全検）である。また、JR北海道保有のDE10形などの全検も受託している。

■ JR貨物　札幌貨物ターミナル駅

道内唯一の「貨物ターミナル駅」でコンテナ取扱駅・車扱貨物臨時取扱駅。周辺は広大な倉庫街で、ヤード最大長は3.1㎞、最大幅320m。構内は並走する函館本線の白石〜厚別間、千歳線の白石〜新札幌間の南側に広がり、両線列車の車窓から見える。東京貨物ターミナル駅に次ぎ日本で第2位の取扱量を誇り、道北・道東方面への中継基地でもある。

■ JR貨物　札幌機関区

札幌貨物ターミナル駅の東端北側にあり、機関車の配置はないがDF200形の中継基地であり乗務員区だ。次の仕業に向けた仕業検査、給油、給砂などを行う。最大検査能力は1日4両。ちなみに、千歳線の下り列車の車窓からは、機関区のほぼ全容が俯瞰できる。

苗穂車両所から全検出場するDF200形をキャッチ！

愛知機関区の200番代223号機の出場シーン

DF200形のラストナンバー、愛知機関区の223号機は1回目の全検のため北海道へ里帰りし、2023年（令和5）9月28日から札幌市の苗穂車両所へ入場。翌2024年1月26・29日に苗穂で構内試運転を実施し2月6日に出場。即日、札幌機関区へ回送＜試9197レ、DF200-114（五）＞後、札幌（タ）から以下の行程で翌々日に帰還した。

札幌（タ）20時28分発＜6092レ＝DF200-12（五）、青函間EH800-17（五）、青森（信）〜EH500-27（仙）＞東仙台（信）。仙台（タ）＜4080レ＝EH500-57、山手貨物線経由＞新鶴見（信）。同＜5091レ＝EF210-123（新）＞稲沢10時45分着。

DF200-114が牽引し札幌機関区へ"重連単機回送"される無動力のDF200-223　苗穂〜白石（後追いで撮影）　令和6年2月6日　写真：奥野満希子

苗穂車両所でDF200形114号機に牽き出され入換中のDF200形223号機（無動力）　苗穂　令和6年2月6日　写真：奥野満希子

連結位置は各列車とも本務機の次位。東海道本線は新鶴見機関区のEF210-123に牽かれ西下した。砦の稲沢はすぐそこ"稲沢線"枇杷島〜清洲　令和6年2月8日

稲沢 (車扱貨物取扱駅)　愛知機関区

東海道本線・"稲沢線"　旅客駅のホーム前は愛知機関区

　稲沢市は古くから鉄道貨物の中枢で「鉄道の町」だ。昔は国鉄の三大貨車操車場の一つの"稲沢操車場"、中部地方最大のSL基地の稲沢第一機関区があったが、今はJR貨物の愛知機関区と貨物駅が継承され、稲沢はJR東海の旅客駅とJR貨物の貨物駅を併設する大きな駅でもある。

　構内の敷地面積は21万6000㎡と広大だが、旅客駅は島式ホーム1面2線のみ。貨物駅は名古屋〜稲沢間で複々線を構成する"稲沢線"の上下線に囲まれたほぼ内側にあり、その線路群に沿って何本もの留置線が延びる。"稲沢線"はJR東海が第1種鉄道事業者だが、原則として貨物線としての機能を有する。愛知機関区は旅客駅の東側南方に広がり、旅客ホームの前まで留置線が延び、休廃車の機関車たちが並ぶ。その奥の線路は仕業庫に続く給油線で、ホームから給油に来たDF200形やDD200形が見られることもある。

■ 本州のDF200形の砦（とりで）　愛知機関区

　愛知機関区はJR貨物東海支社管内唯一の車両基地だ。1994年（平成6）5月2日に稲沢機関区と稲沢貨車区を統合し、車両配置区としての愛知機関区が発足した。その後、2015年（平成27）4月1日からは、名古屋車両所（JR東海名古屋工場に併設）で施工してきた内燃機関検修業務を同区に移し、愛知機関区稲沢派出も発足している。

　構内設備は、敷地内ほぼ中央に車両有効長4両×6線の検修庫を配置。貨車対応の1・2番線、電気機関車（EL）・ディーゼル機関車（DL）を走行可能な状態のまま検査できる3・4番線、リフティングジャッキを装備した5・6番線で構成、ここで交番検査・台車検査・要部検査を実施する。また、構内

旅客駅のホーム前（東側）は愛知機関区。同区の留置線が延び給油線も見える。「アイミー」が給油にやって来た　令和5年3月10日

稲沢市の市街東部にあるJR東海の稲沢駅。隣（岐阜方）の建物にはJR貨物東海支社が入居していたが、2020年に名古屋市都心のオフィスビルに移転した　令和5年5月24日

稲沢駅東口の多目的広場に建つ"稲沢操車場跡地"の碑。当時は稲沢駅の構内施設の扱いで、停車場の種別での操車場ではなかったが"稲沢操車場"と呼称した　令和5年5月12日

北方には3線を配置した仕業庫があり、EL・DLの仕業検査を実施。その南側には転削庫2線もある。旅客駅の南方、主要地方道62号に架かる稲沢跨線橋の歩道からは、機関区構内の一部が見渡せる。

　所属機関車はELがEF64形1000番代23両。DLはDF200形200番代8両、DD200形26両、DE10形1500番代1両（岡山機関区へ貸出中）。EF64形は全機が同区に集結し、中央本線（西線）と篠ノ井線、さらには岡山機関区に常駐し伯備線で運用。DF200形は関西本線などで、DD200形は東北から九州まで運用範囲が広域で、四日市駅の入換用などを除き原則、赴任地の各機関区に常駐している。

稲沢駅東西自由通路から俯瞰した愛知機関区、給油線に停車中のDF200-216とDF200-201。後方の建屋は仕業庫　令和4年1月1日

愛知機関区正門、DF200形が憩う　令和6年7月5日

東海道本線の線路西側から見た機関区。留置線で憩うDF200形とDE10形。JRFロゴが残るDF200-206、奥はJRFロゴなしの216。この光景も今は思い出　令和3年4月2日

新幹線停車駅で観て撮れる"赤熊" DF200形

新幹線が停車する駅でDF200形と定期的に出会えるのは、北海道新幹線の新函館北斗と東海道新幹線の名古屋の2駅だけ。両駅では気軽に"赤熊"を観て撮れるのが魅力だ。

新函館北斗 北海道新幹線　函館本線（貨物列車は上り方面のみ運行）
新幹線時代を担う函館都市圏の玄関口

函館都市圏の新しい旅客鉄道の拠点が北斗市にできた新函館北斗駅。北海道新幹線と在来線の函館本線が連絡し、下り札幌方面はキハ261系の気動車特急「北斗」、電化区間の上り函館方面は近郊型電車733系1000番代の「はこだてライナー」がリレーする。

2016年（平成28）3月26日の北海道新幹線開業に伴い、在来線は既設駅の渡島大野（旧：本郷）を改良し駅名改称した。南北自由通路を設け、駅舎はガラスを多用した橋上駅。ホームは地上にあり、新幹線は相対式2面2線、在来線は島式2面4線で新幹

南北自由通路から札幌方を俯瞰。仁山からの勾配を駆け下り待避線に進入するDF200形牽引の上り高速貨物。左上は新幹線の渡島隧道新函館北斗方坑口。同隧道は村山隧道として貫通したが計画変更で渡島隧道の一部に組み込み一体化　令和5年8月20日

線側の2線のみを電化し、両線ホームの一部は同一平面に乗換改札を設置。この他、貨物列車用の待避線が1本ある。また、新幹線の新青森方、七飯町地内には車両基地の函館新幹線総合車両所が広がる。

　特急は上下全列車が停車し、勾配20‰の仁山経由で運行。貨物の下り全列車は藤城線を経由しており、新函館北斗駅を通る貨物は上り列車のみ。新幹線の高架を介した地上の在来線にDF200形が現れる。同駅で待避する列車もあり、ゆっくり観て撮れるのがポイントである。

函館地区の新しい鉄道の玄関、新函館北斗駅。駅舎南側は北斗市観光交流センターで、南口広場では「ずーしーほっきー」のオブジェが待ち受ける　令和5年8月20日

新函館北斗駅に到着する北海道新幹線H5系、下り「はやぶさ」95号（後追いで撮影）

新幹線の北側は在来線で、DF200形牽引の上り貨物が待避中。道内の新幹線停車駅で"赤熊"DF200形と対面できる駅は今のところ新函館北斗だけ　令和5年8月22日（2枚共）

南北自由通路から函館方面を俯瞰。貨物待避線は旅客ホームの外側（北）にあり、DF200形牽引の上り貨物が待避中。前方に函館新幹線総合車両所が見える　令和5年8月22日

北海道新幹線は現在、新函館北斗が終点。ホームのスグ先に車止めを設置。前方に渡島（旧村山）隧道新函館北斗方坑口が見える　令和5年8月20日

〈NFT付録ご案内〉　北斗市の新名所「北斗星スクエア」

北斗市茂辺地のゲストハウス「北斗星スクエア」は、鉄道ファンなら泊まりたい宿。新函館北斗駅から車で約45分、道南いさりび鉄道の茂辺地駅からだと徒歩数分の「茂辺地 北斗星広場」には、北海道新幹線の新函館北斗開業で運行を終了した寝台特急「北斗星」で活躍した青い客車2両が"停車"している。詳しくはNFT付録をご参照。

北斗市茂辺地の「北斗星 スクエア」令和5年4月28日

名古屋（車扱貨物取扱駅）東海道新幹線
東海道本線・"稲沢線" 関西本線・名古屋臨海高速鉄道 ほか
リニア中央新幹線の工事で名駅界隈は変貌

東海道新幹線上りホーム14番線の東京方南端前は"あおなみ線"の名古屋駅。昭和の"名鉄城"などをバックに同駅を通過するDF200-206が牽くタンカー　令和4年11月7日

「名駅」は中部圏のゲートシティ、名古屋市の玄関。JR東海、名鉄、近鉄、名古屋市営地下鉄、"あおなみ線"の駅が集まる交通の要衝だ。界隈は"名駅摩天楼"のごとく超高層ビルが林立し、そのランドマークがJR名古屋駅の「JRセントラルタワーズ」である。

　JR名古屋駅でDF200形が見られるのは"稲沢線"～"あおなみ線"で、"あおなみ線"とは第三セクター、名古屋臨海高速鉄道 西名古屋港線の路線愛称だ。両線は在来線ホーム13番線（関西本線）と東海道新幹線上りホーム14番線との間、在来線では最も西側の線路を通り、新幹線上りホームからも両線の列車が見える。"あおなみ線"は国鉄時代からの貨物線を旅客線化した路線で、その名古屋駅は"稲沢線"の本線上に島式ホーム1面2線を設置。旅客列車は上下貨物の隙間に着発し、時間帯により着

"平成のモニュメント"「飛翔」が撤去された名古屋駅前、満開の桜が彩る桜通から同駅桜通口を写す　令和5年3月31日

発番線が変わる。

　名古屋駅ではリニア中央新幹線の工事が本格化し、駅再整備計画が進行中。"稲沢線"はリニアとの交差箇所付近が暫定的に単線化され、桜通口前の名駅

"稲沢線"はリニアの工事に伴い、"あおなみ線"名古屋駅ホームの北側で単線になる。同地点を走る「アイミー」ことDF200-201が牽くタンカー　令和5年5月12日

名古屋名物きしめんスタンド前をDF200-222が牽くタンカー（油タキ返空）が四日市へ向かう。名古屋駅、新幹線上り14番線ホームから撮影　令和4年11月17日

通と桜通が接するロータリーに立っていた"平成のモニュメント"「飛翔」も、2023年（令和5）春に撤去された。

■ 名古屋駅の構内にある "あおなみ線" ささしまライブ駅

JR東海は名古屋〜笹島信号場間を名古屋駅の構内として扱い、関西本線と並行する"あおなみ線"の同区間は、JR東海の"稲沢線"と重複区間になっている。貨物駅の移転で変化した複雑な所属区分の名残りで、その間には"あおなみ線"のささしまライブ駅がある。同駅は貨物駅だった旧笹島駅の跡地を開発した新しい街「ささしまライブ24地区」の玄関で、駅前には高層タワーの「グローバルゲート」

がそびえ立っている。

笹島信号場では関西本線、"稲沢線"・"あおなみ線"、さらにはJR東海名古屋工場への入出庫線が分岐・合流し、JR東海の運転取扱上の表記は「名古屋（笹島）」である。

■ JR貨物 名古屋貨物ターミナル DF200形も早朝・夜間に活躍

"あおなみ線"こと名古屋臨海高速鉄道は、名古屋〜金城ふ頭間15.2kmを結ぶ複線・電化のシティ電車で、名古屋市が筆頭株主の第三セクター鉄道だ。同社が第一種鉄道事業者だが、名古屋〜荒子〜名古屋貨物ターミナル間5.1kmは、歴史的経緯からJR貨物が第二種鉄道事業者として貨物列車を運行。名古

新しい街「ささしまライブ24地区」の玄関、ささしまライブ駅。駅前の高層タワー「グローバルゲート」をバックにDF200-220牽引の下りタンカーが走る　令和4年4月13日

"あおなみ線"の試運転電車と並走するDF200-205牽引の上りコンテナ列車。電車はJR東海名古屋工場を全検出場し笹島（信）の側線で試運転中　令和4年4月22日

屋貨物ターミナルはJR貨物の駅で、営業キロ上は"あおなみ線"の荒子〜南荒子間にあるが、関連施設や線路は小本〜中島間まで広がる。

着発列車の牽引は電気機関車が主力だが、ディー ゼル機関車の仕業も2往復あり、早朝・夜間にDF200形が稲沢〜名古屋貨物ターミナル間の小運転で活躍している。撮影場所としては小本駅、または向野橋（下記コラム参照）などがお薦めだ。

名古屋貨物ターミナルで発車待ちのDF200-206牽引の試2751列車。"あおなみ線"下り初電から撮影　令和5年5月27日

「アイミー」ことDF200-201が牽く試2751列車。この日は緑・黒の空タキ2両と空コキ3両を連結　小本　令和5年6月6日

Column

鉄道名所「向野橋」と「黄金跨線橋」

　JR東海の名古屋車両区や笹島信号場の何本もの線路を跨いでいるのが向野橋と黄金跨線橋。ここは名古屋駅から近い鉄道名所で、両橋からは名古屋車両区が眺められる。

　向野橋のピントラス部は、1899年（明治32）にアメリカのAアンドP・ロバーツ社で製作され、支間は1連で85.3mもある。山陰本線の前身、京都鉄道時代に保津川に架けられたものだが、事故で損傷し修繕され、のちに道路橋に転用。1930年（昭和5）に当地へ移設された。時代物だけに現在は自転車・歩行者専用橋となっているが、2011年（平成23）に名古屋市の認定地域建造物資産、2016年（平成28）には土木学会選奨土木遺産にも選定された。

　黄金跨線橋は名古屋市道名古屋環状線（主要地方道）などに架かる跨線陸橋で交通量は多い。しかし、道路両側に歩道があり、八田側歩道からはJR東海名古屋工場も見える。

　アクセスは、向野橋が近鉄名古屋線の米野駅、黄金跨線橋は同線の黄金駅下車が便利。

"名駅摩天楼"をバックにDF200-205牽引の下りタンカー（油タキ返空）が明治生まれの向野橋を潜る　ささしまライブ〜笹島（信）令和4年5月18日

師走の夕暮、構内に張り巡らせた架線と線路が光り、夕陽を浴びて光り輝く"赤熊"もニコニコ顔で快走する　笹島（信）黄金陸橋から撮影　令和3年12月3日

第3章

DF200形から派生した新時代のディーゼル機関車
ハイブリッド式HD300形電気式DD200形の概要

　21世紀に突入した2001年以降、自動車業界ではハイブリッド車や燃料蓄電池車などの「エコカー」の開発が盛んで、二酸化炭素の排出量削減に精魂を傾けていた。しかし、自動車の世代交代は平均9年に対し、鉄道車両は約30年と長い。

　そのような情況下の中、持続可能な環境対策を鑑み、JR東日本は2007年（平成19）に世界初の営業用ハイブリッド鉄道車両キハE200形を導入。JR貨物は2010年（平成22）、液体式の中型機でベテランDE10形のセミ・センターキャブを踏襲したものの、艤装を変更することなく、小型の発電エンジン、大容量の蓄電池、制御装置の各々をユニット化した日本初のハイブリッド式機関車、HD300形を開発した。その効果をDE10形と比較すると、燃料消費量36％、窒素酸化物排出量62％、騒音22dBの低減を確認。鉄道車両での技術革新を図ったのである。

　しかし、蓄電池は高額のため、2017年（平成29）には入換兼ローカル線の貨物列車牽引用に、中型機で電気式のDD200形も開発、量産化を進めてきた。同機も車体はセミ・センターキャブの中型機だが、効率的なハイテク機器を搭載し、環境対策も考慮したエコな機関車に仕上げられている。

　本章では、DF200形から派生した新時代のディーゼル機関車、ハイブリッド式のHD300形と、新しい電気式の改良タイプ＝DD200形について解説する。

新しい電気式の中型機DD200形、入換はもちろん中距離貨物も牽引する。
DD200-9（愛）が牽く下り「速星貨物」　西富山〜富山　令和6年3月1日　〈J〉

日本初のハイブリッド式機関車 HD300形

　JR貨物が「環境に優しいクリーンな機関車」を概念に開発したHD300形は、セミ・センターキャブで横型運転台の入換専用機ながら、電気式DF200形のシステムをベースに駆動用蓄電池（リチウムイオンバッテリー）も加え、ディーゼル発電機からの電力と蓄電池からの電力を協調させてモーター（主電動機）を駆動する日本初の「ハイブリッド機関車」として登場、一世を風靡した。製造所は東芝（東芝インフラシステム）である。

■ シリーズ・ハイブリッドを採用

　2010年（平成22）3月25日、東芝府中事業所で試作車HD300形901号機が報道公開された。当時の資料によれば、軸配置はB-Bの4軸機で、形式記号にハイブリッド（Hybrid）の頭文字「H」と、動軸数の4を表す「D」を組み合わせて「HD」と名乗り、新システムの機関車であることをアピール！　車体塗色はフレート・レッドで、運転室隣の蓄電池ユニットのカバーには「Hybrid」のロゴも描かれた。

　車体は全長14,300㎜、全幅2,950㎜、全高4,088㎜。運転台は運転室の左右に横向きで2つ設置してある。ディーゼルエンジンはカミンズ社製のFDMF9Z形で機関出力は270PS、燃料搭載量は1,600ℓ、発電機は160kVAかご形三相誘導FDM302形、モーターは機関車では初採用の永久磁石同期電動機FMT101形（80kW/1時間定格、125kW/最大定格）を4基搭載。エンジンは発電用のみに使用し、その電力は蓄電池に溜めておく。力行時は発電機と蓄電池から給電する電力が主変換装置（コンバータとイ

HD300形量産車、HD300-8。車体はセミ・センターキャブで、1位側から主変換機、蓄電池、運転室、発電エンジンの4ブロックで構成　名古屋貨物ターミナル　令和6年4月23日（2枚共）

2位側からみた外観。前部は発電ユニットでディーゼルエンジンと発電機を搭載。カバーは通風可能な鎧戸。運転室中央に煤煙排気用の煙突が付く

ンバータの各1基で構成）を介してVVVFインバータ制御され、モーターを駆動させる。補助回路・補機用電源は、コンバータによる補助電源装置（静止型インバータ）を1基搭載している。

　すなわち、通常走行は蓄電池からの電力でモーターを駆動させるが、負荷がかかる力行時は発電エンジンが作動し不足電力を補う。電気指令式の自動空気ブレーキと回生ブレーキを併用し、回生作動時にはモーターから発生した電力で蓄電池を充電する。

HD300形の試作車901号機。デッキに装備された前照灯や同中央の作業用の照明などの形状が量産車とは異なる　東芝府中工場　平成22年3月25日　提供:交通新聞社

寒冷地用のHD300形500番代、HD300-502。外観は暖地用の量産車とほぼ同じだが蓄電池の保温性をアップさせている　札幌（夕）　令和3年7月2日　写真:奥野和弘

HD300形500番代は冬季、デッキ前部に着脱可能な防風板を設置し趣が異なるHD300-503　札幌（夕）　令和5年12月8日　写真:奥野和弘

発電機の起動・停止は自動で、制動時は発電機からの給電は停止する。これぞ自動車で普及してきた「シリーズ・ハイブリッド」の鉄道版で、エンジントラブルの場合は、蓄電池からの電力のみで走行できるのもポイント。このほか、留置ブレーキも装備している。

　台車は川崎重工製の枕ばねがコイルばねの軸梁式ボルスタレス台車を履き、1位側がFDT102形、2位側はFDT102A形。軸重は15tだ。

　動力伝達方式は1段歯車減速の吊り掛け駆動で、最高速度は構内入換の専用機でもあり時速45km。本線上の自力走行は不認可だが、定期検査時は無動力回送され、牽引される時の最高速度は時速110kmまで可能。保安装置はATS-SF、定格出力は1時間定格で320kW、最大定格は500kWである。

　901号機は東京や札幌など寒冷地を含む各地で各種走行試験を実施し、翌2011年7月11日から東京貨物ターミナルで運用に就いた。

■ 量産車はマイナーチェンジ

　2012年1月には量産車の1号機、HD300-1が登場。のち増備も始まる。1号機は同年2月8日から901号機と共に東京貨物ターミナルで運用を開始したが、量産車は細部で改良が施された。

　主な内容は、雪害対策のため前面の排障器を拡大、前照灯と尾灯はセットして一体化したケースに収め、ステップ下部の照明にはカバーを付けた。前面の手すりは弓形から直線化し、連結器灯は固定化しカバーも付く。また、無動力回送用のジャンパ連結器は常用から着脱式に変更。運転室関係では、側窓と出入口扉の窓を拡大し、床面高さを20mm下げた。台車も1位側がFDT102B形、2位側がFDT102C形に変更されている。

　2014年（平成24）には寒冷地仕様の500番代501号機も登場し、同年11月から札幌貨物ターミナルで運用を開始。500番代は蓄電池の保温性がアップしており、台車は1位側がFDT102D形、2位側がFDT102E形に変更。冬季は作業員の防寒対策のため、デッキ前部に着脱可能な風防板が設置されるのが特徴である。

■ 北海道から九州に常駐

　2024年（令和6）3月16日現在、新鶴見機関区に24両（901、1〜15、17、30〜35、37）、岡山機関区に13両（16、18〜28、36）、苗穂車両所に4両（501〜503、29）の総勢41両が配置され、北海道から九

HD300形（量産車）形式図（1/160）

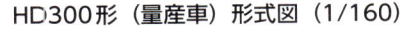
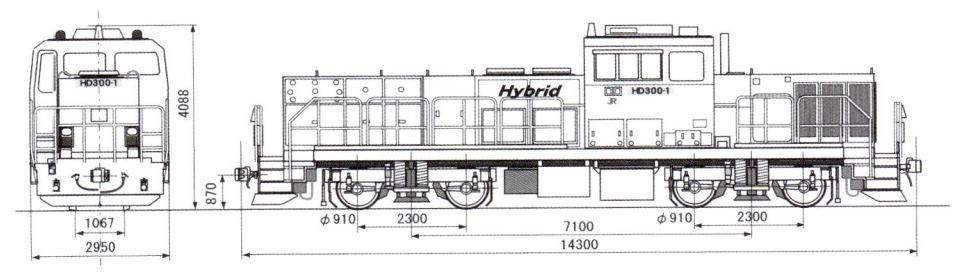

運転室は車体中央より2位方に設置。その隣の蓄電池ユニットのカバーには「Hybrid」のロゴが描かれている　HD300-8（新）名古屋（タ）　令和6年4月23日

運転台は運転室の左右に横向きで2つ設置。東芝府中工場　平成22年3月25日　提供：交通新聞社

量産車（本州・九州用）の台車、1位側はFDT102B

量産車（同）の台車、2位側はFDT102C　名古屋貨物ターミナル　令和6年4月23日（2枚共）

州までの貨物扱い駅と貨物ターミナル〈以下、（タ）と称す〉に基本1両、※は2両が常駐している。なお、定期検査時は本区に無動力回送され、常駐機は入れ換わる。

　新鶴見の仲間は20両使用・4両予備で、郡山、郡山（タ）※宇都宮（タ）、※倉加野、熊谷（タ）、越谷（タ）、隅田川、新座（タ）、※東京（タ）相模貨物、八王子、※松本（タ）、沼津、西浜松、※名古屋（タ）に常駐。

　岡山の仲間は11両使用、2両予備で、稲沢、大阪（タ）、吹田（タ）、安治川口、岡山（タ）、東福山、広島（タ）、大竹、岩国、新南陽、福岡（タ）に常駐。

　苗穂の仲間は3両使用、1両予備で、札幌（タ）に常駐。なお、苗穂の29号機は2023年10月に新鶴

HD300形　主要諸元

機関車番号	901　　1〜37　501〜503　※1		
製造年	2017〜2021		
全長×全幅×全高（mm）	14300×2950×4088		
運転整備重量（t）	60.0		
軸配置　／　軸重（t）	B−B　／　15		
台車形式	901号機　　FDT102（1エンド）　　FDT102A（2エンド） 量産機　　FDT102B（1エンド）　　FDT102C（2エンド） 500番代　　FDT102D（1エンド）　　FDT102E（2エンド）		
動力伝達方式	電気式　「シリーズ・ハイブリッド」方式		
主機関構造	水冷　4サイクル　直列　6気筒ディーゼル機関		
主機関形式／搭載量 機関出力	FDMF9Z／1 242kW（270PS）　1600rpm（定格）		
主発電機形式／搭載量 主発電機1時間定格出力	三相かご形誘導発電機／1 173kW　1600rpm		
主変換装置	電圧形PWMコンバータ＋電圧形PWMインバータ制御		
制御装置	VVVFインバータ制御　　1C1M制御×4		
主電動機形式	永久磁石同期電動機　　FMT101		
主電動機出力／搭載量	1時間定格80kW　最大定格125kW／4		
駆動方式　歯車比	1段歯車減速吊り掛け式　15：64（4.27）		
ブレーキ方式	電気指令式自動空気ブレーキ（回生ブレーキ併用）　留置ブレーキ		
最高運転速度（km/h）	45（入換時）　110（回送時）		
最大引張力（kgf）	20000		

※1　500番代は寒冷地仕様。デッキ前部に着脱可能な風防板が取り付けられる

見から転属したが、暖地仕様のため夏場を中心に稼働しているようだ。

新しい時代のエコな電気式ディーゼル機関車 DD200形

昭和生まれで国鉄時代からのベテラン、液体式の中型機＝DE10形・DE11形ディーゼル機関車（DL）の後継車として、JR貨物が2017年（平成29）に開発したのが電気式のDD200形である。ローカル貨物列車の牽引と貨物取扱駅での入換用で、新時代の電気式の礎＝DF200形と直流電気機関車のエースEF210形の技術を参考に、エコな時代に対応可能な新技術も取り入れて誕生した。製造所は川崎重工業（川崎車両）である。

DD200形は軸配置B-Bの4軸機で軸重は14.7t。DE10形クラスしか入線できないローカル線での運用も可能にした。性能的にはDE10形に準じるが、最高運転速度がDE10形の時速85kmに対し、時速110km（設計最高速度は時速120km）にアップ。汎用性の向上が目玉だ。2017年7月5日に試作車の901号機が新鶴見機関区で報道公開され、関東・東北地区で入換試験や本線走行試験を実施した。

■ 復権した新時代の電気式DL

DD200形はハイブリッド式のHD300形から駆動用蓄電池を外したタイプだが、効率の高いハイテク機器を搭載し、新しい時代のエコな電気式DLに仕上げられている。

車体は全長15,900㎜、全幅2,974㎜、全高4,079㎜。セミ・センターキャブのボンネット構造で、運転台は運転室の左右に横向きで2つ設置。1位側には、コマツ製で機関出力895kW（1217PS）/1,900rpmの水冷4サイクルV形・12気筒FDML30Z形ディーゼルエンジン1基と、出力1,112kVAの回転界磁式ブラシレス同期発電機を1基。ほかに、モーター送風機と冷却水熱交換機を搭載している。2位側は制御装置で、FMPU104形主変換装置（1C1M制御×4）

1位側から見たDD200形量産車外観。車体内部には前からエンジンと発電機、モーター送風機、冷却水熱交換機を搭載。運転室前面窓の間には排気ガス温度検知器がある　DD200-8　四日市　令和6年5月29日

DF200形の試作車、901号機　新鶴見機関区　平成29年7月5日　提供：交通新聞社

2位側から見た量産車外観。車体内部は制御装置で主変換装置と補助電源装置を各ユニットで搭載。DD200-8　右後方は先輩DF200形　四日市　令和6年5月29日

と補助電源装置を各ユニットで搭載。制御方式はコンバータ（2レベルPWM）とインバータによるVVVFインバータ制御で、インバータにはハイブ

車体中央より2位寄りにある運転室（キャブ）。床下1位寄りには燃料タンクを搭載　四日市　令和6年5月29日

DD200形はDE10形と同様、運転台は横向きで運転室の左右に2つ設置　新鶴見機関区　平成29年7月5日　提供：交通新聞社

1位側のFDT103形台車

2位側のFDT103A形台車、ここには留置ブレーキを装備

リッド炭化ケイ半導体素子（SiC）を適用し、電力変換効率を高めている。

　足まわりは、運転室下部の1位寄り床下に搭載量2,500ℓの燃料タンクを設置。台車は軸梁式ボルスタレス空気ばね台車で、1位側がFDT103、2位側はFDT103A。モーターは出力160kWの三相かご形誘導電動機FMT102形を4基搭載。駆動方式は一段歯車減速の吊り掛け式。制動装置は電気指令式自動ブレーキで、ばね作動式の留置ブレーキも装備。ATSは運用範囲が広いため、PF、DF、SF、Psの4種を装備している。

　ちなみに、制御パーツは三菱電機製だが、SiCなどの使用で環境性能がアップし、DE10形と比較すると燃料消費量は20.3%、窒素酸化物の排出量は18.6%、騒音は11dB低減したという。これぞ新しい時代にマッチした電気式DLの復権ともいえよう。

■ 量産車の増備と他社への導入

　試作車DD200-901の登場から約2年、2019年（平成31）8月には量産車のDD200-1が完成し、8月27日に愛知機関区に回着した。量産車は前頭部ステップの形状が少し変わり、運転室前面窓のツララ切りが付加されるなど細部での変化が見られる。

　一方、JR貨物グループの臨海鉄道でも旧形機の置き換え用に、DD200形を導入した会社がある。岡山県の水島臨海鉄道では2021年5月に同機600番代を導入、同年7月2日から運用を開始し、同年9月からはJR山陽本線へ直通し岡山貨物ターミナルまで乗り入れている。千葉県の京葉臨海鉄道は2021年8月に同機800番代を導入、「RED MARINE」の

DD200形（量産型）形式図（1/160）

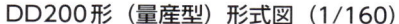
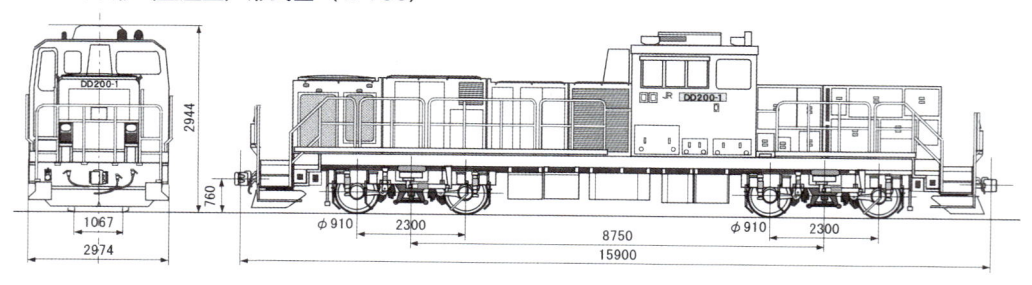

DD200形は四日市の貨車入換用だが、愛知機関区からの出退勤時は高速コンテナ列車を牽引。DD200-8が牽く上り列車　関西本線 四日市～富田浜　令和4年6月1日

富山機関区常駐のDD200-24が牽く下り「高岡貨物」。富山貨物から北陸本線の高岡、氷見線の能町を経由しJR貨物の新湊線へ入る　能町～高岡貨物　令和4年6月29日

愛称も付き地域に親しまれている。

　また、JR九州は2021年6月、DD200形700番代1両を新製し、7月13日付けで熊本車両センターに配置した。同社仕様は車体塗色が黒で、前照灯は当初シールドビームだったが、のちLED化された。

富山機関区常駐のDD200形側面の運用札には「速星-高岡」を掲出　令和4年6月23日

■ JR貨物のDD200形は全機を愛知機関区に配置

　JR貨物のDD200形は増備が続き、2024年（令和6）3月16日現在、総勢26両（901号機、1～25号機）まで増え、全機が愛知機関区に配置されている。

　運用範囲は東北から九州まで幅広く、同区から毎日、出入庫するのは四日市駅構内の入換機のみ。その他は各地に常駐し運用路線に関連する基地で給油や検査を受けている。

　しかし、定期検査は本区の愛知機関区で実施するため、その入出庫は貨物列車での配給扱いとし、無動力回送されている。そのため常駐機は時々交代する。

　常駐先と基本常駐両数（含む予備機）は以下の通り。仙台総合鉄道部5両、東新潟機関区4両（うち1両は酒田港）、富山機関区2両、門司機関区2両、新鶴見機関区3～4両、岡山機関区1両、盛岡総合鉄道部1両、吹田機関区1両。なお、常駐両数は変更されることもある。

DD200形は運用範囲が東北から九州までと広く、各社に対応するATSを4種搭載している　令和6年5月29日

DD200形　主要諸元

機関車番号	901　1～25　601　701　801　※1
製造年	2017～2022
全長×全幅×全高(mm)	15900×2974×4079
運転整備重量(t)	58.8
軸配置 ／ 軸重(t)	B－B ／ 14.7
台車形式	ＦＤＴ103（1エンド）　ＦＤＴ103A（2エンド）
動力伝達方式	電気式
主機関構造	水冷　4サイクル　V形　12気筒ディーゼル機関
主機関形式／搭載量	ＦＤＭＬ30Ｚ（コマツ製　ＳＡＡ12Ｖ140Ｅ-3）／1
機関出力	895kW(1217ＰＳ) 1900rpm
主発電機形式／搭載量	回転界磁式ブラシレス同期発電機　ＦＤＭ303 ／1
主発電機出力	1112kVA
制御方式	2レベルＰＷＭコンバータ＋ＶＶＶＦインバータ制御
制御装置	ＦＭＰＵ104形主変換装置　1Ｃ1Ｍ制御×4
主電動機形式	かご形三相誘導電動機　ＦＭＴ102
主電動機出力／搭載量	160kW／4
駆動方式　歯車比	1段歯車減速吊り掛け式　19：81（4.26）
ブレーキ方式	電気指令式自動空気ブレーキ　ばね作動式留置ブレーキ
最高運転速度(km/h)	110
最大引張力(kgf)	20000

※1　901号機は試作機　601号機は水島臨海鉄道所属機
　　　701号機はＪＲ九州所属機　801号機は京葉臨海鉄道所属機

DF200形そしてDD51形 未練

■ ポスト"赤熊" 0番代を称える

　JR貨物のDF200形は、1992年（平成4）に試作機901号機が登場してから経年30年以上。初期車の老朽化は拭いきれず、JR貨物は2021年（令和3）2月に後継機の導入を公表した。その後、2023年8月7日付け官報によれば、導入予定期間は2027年9月1日から2044年3月末まで。最大牽引重量1300t以上、最高運転速度は時速110km、設計最高速度は時速120km。非常時の迂回運転も考慮し、貨物列車の設定路線全線での入線を前提としているようだ。

　計画通り進めばスカートが赤く"赤熊"の愛称がピッタリの0番代の動向が気になってきた。DD51形の後継機として活躍した功績を称え、エールを送りたいと思う。

DF200形0番代はスカートも赤く"赤熊"の愛称が似合う。厳寒期や酷暑にも耐え物流を支えてきた。DF200-8が牽く下り貨物　函館本線（藤城線）七飯〜大沼　令和5年8月22日

■ 彗星のごとく現れるDD51形の勇姿

　JR貨物のDD51形は全機、DF200形にバトンを渡したが、JR東日本とJR西日本には、臨時列車や工事列車などの牽引用にDD51形が少しだけ残されている。

　JR東日本は2両、JR西日本には8両残存するが、いずれも国鉄色で、彗星のごとく現れ、元気に活躍する勇姿は往時を彷彿とさせる。長寿を期待したい。

※JR東日本のDD51形は2024年秋に営業運転を終了

SLのピンチヒッターとして「DLやまぐち号」を牽引するDD51形1043号機。朱色の国鉄色とレトロ調客車の色合いが似合う　山口線　宮野〜仁保　令和3年5月1日　〈J〉

あとがき

　古希を過ぎた私だが、数年前までの現役時代は北海道へ出張を含み月1～2回は訪れていた。仕事は頑張り、オフ‐タイムには"鉄"もやった。そして、私とDF200形との出会いは、寝台特急「北斗星」や「カシオペア」の通過待ちに撮った貨物列車である。でも、DF200形の一部が愛知機関区に転属して来るとは想定もしてなかった。道内のDD51形の勇退で、「カシオペアクルーズ」牽引の栄光がある120号機は220号機に改番され、今は中京地区が舞台だ。

　そうした情況下の中、名古屋在住の私は関西本線で"四日市貨物"を牽引する道産子DF200形に親しみを抱いた。函館市の五稜郭機関区が"本家"のカマだが、北海道で見慣れた顔は名古屋の風土にも溶け込み、その動向がとても気になった。そして、DF200形一族の探究願望を抱き、年甲斐もなく北海道通いが復活し、反復するようにもなった。

　ところで、中京地区では地域密着のラッピングを施した「アイミー」こと、DF200形201号機が注目されている。それはDF200形が地域に馴染み、常在観光「観光はどこにでも在る」の資源として注目された現象だろう。「観光」の語源とは「～国（地域）の光を観る、観（示）す～」こと。「日本の観光 きのう・いま・あす」（須田 寛 著　交通新聞社新書）などによれば、観光は地域のすぐれたもの（文化）を観て、その魅力を他の地域に観す人的交流だ。鉄道貨物も地域（日常生活圏）の特性（特産品）を運び、人も介して他の地域（非日常生活圏）との異文化交流を担っている。

　僭越ながら筆者は旅行業界にも奉職し、実学を活かし大学の観光学科で非常勤ながら観光学の教鞭をとらせていただいた。また、函館市からは四半世紀に亘り中部地方の「はこだて観光大使」に委嘱されている。そのような境遇から、彼の地で頑張る仲間の活躍も含め、北海道と中京地区では貨物列車を、九州ではクルーズトレインを牽引するDF200形の魅力を発信し、微力ながら鉄道文化が観光振興の一助になればと本書を企画した。

　本書ではDF200形について、北海道の鉄道貨物の巨星でもある"本家"五稜郭機関区配置車、ラッピング機も登場し物流を通じて産業観光の担い手も務める愛知機関区配置車、観光文化に定着したクルーズトレインの先頭に立つJR九州の旅客用を含め、各地域での勇姿や車両概要、略史、車歴などを誌面の許す限り紹介した。また、NFT付録ではDF200形のメモリアルから未公開の「お宝写真」、懐かしのパノラマ展望車から眺めた… 迫る"赤熊"の勇姿。"シティ電車"などを利用し気軽に観て撮れる"赤熊"の舞台をピンポイントで紹介した。

　ちなみに、本書の内容は原則、2024年（令和6）7月現在のものです。以後の変動につきましては、ご教示を賜れれば幸甚です。

　出版に際しては交通新聞社の太田浩道さん、貴重な資料や写真をご提供いただいた札幌市の奥野和弘さん、図版作成などの制作協力をいただいた塚本雅啓さんには格別なご高配を賜った。関係各位に敬意を表し拙文のむすびとする。

令和6年9月吉日　徳田 耕一

〈著者プロフィール〉

徳田 耕一　Tokuda Kouichi

交通ライター。1952年（昭和27）、名古屋市生まれ。名城大学卒業。名古屋駅の近くで生まれ育ち、今も居住する生粋の名古屋人。周囲の環境から鉄道に興味を抱き、半世紀以上にわたり、日本の鉄道の動向を記録してきた。旅行業界に奉職した経歴もあり、実学を活かし観光系の大学や短大で観光学の教鞭をとり、鈴鹿大学（旧：鈴鹿国際大学）など複数校で客員教授も務めた。また、旅行業が縁で菓子業界とのパイプもでき、製菓会社で大手スーパーと大手コンビニ、観光土産やPB・OEM商品の企画・販路開拓に従事し、その商談で全国を東奔西走した。総合旅行業務取扱管理者、総合旅程管理主任者、乙種第4類危険物取扱者、鉄道旅行博士（称号・旅行地理検定協会）、はこだて観光大使（函館市）。主な著書に「名古屋駅物語」・「名古屋発 ゆかりの名列車」・「変わる！名鉄電車のゆくえ」（交通新聞社）、「サハリン 鉄路1000キロを行く」・「名古屋市電が走った街 今昔」（JTB）、「117系栄光の物語」・「パノラマカー栄光の半世紀」（JTBパブリッシング）ほか多数。ちなみに、本書はこれらの52作目である。

主な参考文献

「JR貨物ニュースリリース」
「2023 貨物時刻表」、「2024 貨物時刻表」（鉄道貨物協会）
「鉄道用語辞典」（久保田 博／グランプリ出版）
「戦後日本の鉄道車両」（塚本雅啓／グランプリ出版）
「電車・客貨車」（横山勝義／ポプラ社の写真図鑑 第9巻・昭和37年刊）
「北海道の貨物列車」（北海道新聞社）
「新しい貨物列車の世界」（交通新聞社）
「DD51形　輝ける巨人」（拙著／交通新聞社）
「まるごと名古屋の電車 ぶらり沿線の旅、JR・近鉄ほか編」（拙著／河出書房新社）
「鉄道ピクトリアル」（鉄道図書刊行会）、「鉄道ファン」（交友社）
「鉄道ジャーナル」（鉄道ジャーナル社）、「Rail Magazine」（ネコ・パブリッシング）
「中日新聞」、「北海道新聞」、「交通新聞」、ほか

●撮影協力
　奥野和弘
●制作協力（図版作成）
　塚本雅啓
●写真提供
　秋元隆良、稲垣光正、奥野満希子、加古卓也、加地一雄、
　加藤弘行、塚本雅啓、松本洋一、吉富 実（以上、五十音順）
　徳田耕治〈J〉
　鉄道博物館、交通新聞社
●写真は特記以外、NFT付録も含め著者が撮影

※取材・執筆・編集には万全を期しましたが、誤認、誤述がございましたら、ご指摘、ご指導を賜れれば幸甚です。ご理解の程、よろしくお願い申し上げます。

DF200形物語～日本の電気式ディーゼル機関車のあゆみと未来

2024年9月24日　初版発行

著　者　徳田耕一
発行人　伊藤嘉道
発行所　株式会社交通新聞社
　　　　〒101-0062　東京都千代田区神田駿河台2-3-11
編　集　☎03-6831-6560
販　売　☎03-6831-6622
ホームページ　https://www.kotsu.co.jp/

印刷・製本　TOPPANクロレ株式会社
カバー・表紙・本文デザイン　朝日メディアインターナショナル株式会社